职业教育大数据技术专业系列教材

NoSQL 数据库
技术及应用

主　编　郭建磊　王　嫱
副主编　刘书伦　刘　学　刘艳春　刘晓玲
参　编　沈志刚　张海鸥　项雪琰
　　　　金礼模　王晶晶

机械工业出版社

本书以 HBase 和 MongoDB 两大 NoSQL 数据库平台为选型，以任务为向导，采用项目化的方式进行项目任务的设计和实施，每个项目任务包括"任务描述+任务分析+知识准备+任务实施"。全书内容分为两大部分：第一部分主题为 HBase，内容包含岗前培训，项目 1 HBase 安装、部署与运行，项目 2 应用 HBase shell 命令实现微博数据存储操作，项目 3 应用 HBase API 操作学员信息，项目 4 应用 HBase 高级特性优化设计和查询；第二部分主题为 MongoDB，内容包含项目 5 应用 MongoDB 实现管理员工基本信息，项目 6 在 MongoDB 数据库中操作员工基本信息，项目 7 应用 MongoDB 建立员工信息索引，项目 8 使用 MongoDB 聚合完成员工信息统计。

本书可以作为各类职业院校大数据技术及相关专业的教材，也可作为相关技术人员的参考书。

本书配有电子课件，教师可登录机械工业出版社教育服务网（www.cmpedu.com）免费注册后下载，或联系编辑（010-88379807）咨询。本书还配有微课视频，可直接扫码进行观看。

图书在版编目（CIP）数据

NoSQL数据库技术及应用/郭建磊，王嫱主编．—北京：机械工业出版社，2022.6（2024.9重印）

职业教育大数据技术专业系列教材

ISBN 978-7-111-70631-1

Ⅰ．①N…　Ⅱ．①郭…　②王…　Ⅲ．①关系数据库系统—职业教育—教材　Ⅳ．①TP311.132.3

中国版本图书馆CIP数据核字（2022）第069297号

机械工业出版社（北京市百万庄大街22号　邮政编码100037）

策划编辑：李绍坤　　　　　责任编辑：李绍坤　张翠翠

责任校对：薄萌钰　刘雅娜　封面设计：鞠　杨

责任印制：单爱军

北京虎彩文化传播有限公司印刷

2024年9月第1版第4次印刷

184mm×260mm・12.25印张・253千字

标准书号：ISBN 978-7-111-70631-1

定价：42.00元

电话服务　　　　　　　　　　网络服务

客服电话：010-88361066　　　机　工　官　网：www.cmpbook.com
　　　　　010-88379833　　　机　工　官　博：weibo.com/cmp1952
　　　　　010-68326294　　　金　书　网：www.golden-book.com

封底无防伪标均为盗版　　　　机工教育服务网：www.cmpedu.com

前言 PREFACE

NoSQL 即 Not only SQL，泛指非关系型数据库。随着互联网 Web 2.0 的迅猛发展和大数据时代的到来，非关系型数据库由于其本身的特点得到了非常迅速的发展。在大数据时代，数据类型繁多，包括结构化数据和各种非结构化数据，其中非结构化数据的比例更是高达 90% 以上。越来越多的网站、应用系统需要支撑海量数据存储，以及需要具有高并发请求、高可用、高可扩展性等，传统的关系型数据库在应付这些调整时已经显得力不从心，暴露了许多难以克服的问题。由此，各种各样的 NoSQL 数据库作为传统关系型数据库的一个有力补充得到迅猛发展。

HBase 是一个开源的非关系型分布式数据库（NoSQL），它源于谷歌的 BigTable，目前是 Apache 软件基金会的顶级项目之一。它运行于 HDFS 之上，可以容错地存储海量稀疏的数据。目前，HBase 在大数据领域得到广泛应用，如 Facebook 的消息类应用、淘宝的 Web 版阿里旺旺、小米的米聊、运营商的手机详单查询系统等，都基于 HBase 进行数据存储。MongoDB 是一个高性能、开源、无模式的文档型数据库，原生语言是 C++。它在许多场景下可替代传统的关系型数据库或键 - 值存储方式。因为 MongoDB 具有高性能、可扩展、易部署、易使用以及存储数据灵活、方便等特性，因此可用于为 Web 应用提供可扩展的高性能数据存储解决方案。

本书内容包括岗前培训和 8 个项目。项目 1 为 HBase 安装、部署与运行，项目 2 为应用 HBase shell 命令实现微博数据存储操作，项目 3 为应用 HBase API 操作学员信息，项目 4 为应用 HBase 高级特性优化设计和查询，项目 5 为应用 MongoDB 实现管理员工基本信息，项目 6 为在 MongoDB 数据库中操作员工基本信息，项目 7 为应用 MongoDB 建立员工信息索引，项目 8 为使用 MongoDB 聚合完成员工信息统计。

本书由郭建磊、王嫱担任主编，刘书伦、刘学、刘艳春、刘晓玲担任副主编，参加编写的还有沈志刚、张海鸥、项雪琰、金礼模、王晶晶。其中，郭建磊编写了项目 1、项目 2 和项目 3，王嫱编写了项目 5 和项目 6，刘书伦编写了项目 7 和项目 8，刘艳春编写了岗前培训，沈志刚、张海鸥、项雪琰编写了项目 4 的任务 1 和任务 2，刘学、金礼模和王晶晶编写了项目 4 的任务 3。北京西普阳光教育科技股份有限公司在本书编写过程中提供了大量的技术支持和案例。

由于大数据技术发展极其迅速，新技术和新平台层出不穷，加之编者水平有限，书中疏漏和不足之处在所难免，望读者不吝告知，将不胜感激。

编　者

二维码索引

名称	图形	页码	名称	图形	页码
01．HBase 原理与数据模型		4	07．HBase 编程实现表的创建、删除操作		78
02．HBase 物理存储与体系架构		6	08．HBase 编程实现数据的插入、查询操作		86
03．HBase 集群的搭建		32	09．通过 Web UI 查看 HBase 状态		99
04．HBase 表的操作		46	10．MapReduce 编程实现 HBase 数据的批量导入 1		110
05．HBase 表中数据的操作		52	11．MapReduce 编程实现 HBase 数据的批量导入 2		118
06．HBase JavaAPI 编程环境的配置		63			

CONTENTS 目录

前言

二维码索引

岗前培训 1
1. 认识NoSQL数据库 3
2. NoSQL数据库选型——HBase 4
3. HBase存储设计 6

小结 15
练习 16

项目1　HBase安装、部署与运行 17
任务1　准备企业部署环境 19
任务2　部署HBase伪分布式模式 24
任务3　安装ZooKeeper 28
任务4　部署HBase完全分布式模式 32
项目小结 37
项目拓展 38

项目2　应用HBase shell命令实现微博数据存储操作 39
任务1　存储微博数据的操作接口 41
任务2　创建微博数据存储命名空间 43
任务3　设计与创建微博数据表 46
任务4　操作微博数据 52
任务5　完成微博数据的快照管理 56
项目小结 59
项目拓展 59

项目3　应用HBase API操作学员信息 61
任务1　完成学员数据增删改查 63
任务2　从HDFS读取数据存储到HBase中 78
任务3　从HBase中读取数据写入HDFS 86
项目小结 96
项目拓展 96

项目4　应用HBase高级特性优化设计和查询 97
任务1　查询及过滤账户信息 99
任务2　设计电信语音详单HBase表结构 110
任务3　统计网站页面浏览量 118
项目小结 126
项目拓展 126

项目5　应用MongoDB实现管理员工基本信息 127
任务1　安装与配置MongoDB 129
任务2　创建员工信息数据库 142
任务3　创建员工信息数据集合 144
项目小结 146
项目拓展 146

项目6　在MongoDB数据库中操作员工基本信息 ... 147
任务1　操作员工信息 149
任务2　筛查员工信息 157
项目小结 160
项目拓展 160

项目7　应用MongoDB建立员工信息索引 161
任务1　创建索引 163
任务2　维护索引 167
任务3　比较索引的效率 170
项目小结 176
项目拓展 176

项目8　使用MongoDB聚合完成员工信息统计 177
任务1　使用聚合操作函数 179
任务2　使用聚合框架 181
项目小结 185
项目拓展 185

参考文献 186

岗前培训

概述

本部分内容主要讲解 NoSQL 数据库的类型、存储结构，NoSQL 数据库和传统关系型数据的区别，HBase 的原理与架构设计等基础知识。通过本部分的学习，读者能够了解 HBase 的数据模型、存储方式、访问接口，能够理解 NoSQL 和关系型数据库管理系统架构的不同，可根据各种业务数据的特点选择适合存储和处理该数据的数据库系统。

学习目标：

- 掌握 NoSQL 数据库与关系型数据库管理系统的区别。
- 掌握 HBase 存储原理、物理视图和概念视图。
- 掌握 HBase 各组件的运行原理。

1．认识 NoSQL 数据库

随着互联网 Web 2.0 网站的兴起，传统的关系型数据库在应付 Web 2.0 网站特别是超大规模和高并发的 SNS 类型的 Web 2.0 纯动态网站时已经显得力不从心，暴露了很多难以克服的问题，而非关系型数据库则由于其本身的特点得到了非常迅速的发展。

随着互联网技术与大数据技术的不断发展，大数据已经应用到了生活的方方面面。大数据技术的主要特点是数据体量巨大、数据类型繁多、价值密度低和处理速度快等，这就要求人们的数据库能够解决大规模数据集合及多重数据种类等问题。因此在做有关大数据项目时选择 NoSQL 数据库（NoSQL 数据库可解决大规模数据集合及多重数据种类等问题，尤其是大数据应用难题，包括超大规模数据的存储）。

NoSQL 与关系型数据库相比主要有以下特点：

➢ 基本只支持主键查询，有的 NoSQL 支持非主键查询（不过非主键查询时，其响应也很慢），很少有 NoSQL 支持二级索引。

➢ 不支持关联查询，如果有复杂关联查询的需求，那么 NoSQL 无法支持。

➢ 不支持 ACID，仅仅支持单记录级的原子操作，如果有高一致性要求的场景，那么 NoSQL 很难支持。

➢ 表无模式（No Schema），多条记录可以有不同数量的字段，存储方便。

➢ 自身可以分片扩容，比较方便。

NoSQL 数据库可以分为列存储、文档存储、Key-Value 存储、图存储、对象存储、XML 存储等存储类型。表 0-1 列出了 NoSQL 各存储类型数据库的代表数据库和主要特点。

表 0-1 NoSQL 各存储类型数据库的代表数据库和主要特点

存储类型	代表数据库	主要特点
列存储	HBase、Cassandra、Hypertable	顾名思义，是按列存储数据的。最大的特点是方便存储结构化和半结构化数据，方便做数据压缩，针对某一列或者某几列的查询有非常大的 I/O 优势
文档存储	MongoDB、CouchDB	文档一般用类似 JSON 的格式存储，存储的内容是文档型的。这样也就有机会对某些字段建立索引，实现关系型数据库的某些功能
Key-Value 存储	Tokyo Cabinet、Berkeley DB、MemcacheDB、Redis	可以通过 Key 快速查询到其 Value。一般来说，存储时不管 Value 的格式（Redis 包含了其他功能）
图存储	Neo4J、FlockDB、InfoGrid	图形关系的最佳存储类型。使用传统关系数据库来解决图存储时，性能低下，而且使用不方便
对象存储	db4o、Versant	通过类似面向对象语言的语法操作数据库，通过对象的方式存取数据
XML 存储	Berkeley DB、XML、BaseX	可高效地存储 XML 数据并支持 XML 的内部查询语法，如 XQuery、Xpath

NoSQL数据库技术及应用

2．NoSQL 数据库选型——HBase

扫码观看视频

在大数据领域中基本采用 Hadoop 作为大数据系统的基本框架，而 HBase 是构建在 Hadoop 之上的，具有很好的横向扩展能力。本书中的项目都是基于 HBase 进行数据存储和管理的。本部分将进行 HBase 的基本介绍、HBase 与传统关系型数据库的对比分析、HBase 与 HDFS 的对比和 HBase 应用现状的讲解。

（1）HBase 介绍

HBase 全称为 Hadoop DataBase，是一个高性能、高可靠性、面向列、可伸缩的分布式存储系统。使用 HBase 技术，可以在廉价 PC 服务器上搭建起大规模结构化存储集群。

HBase 是 Google BigTable 的开源实现，它模仿并提供了基于 Google 文件系统的 BigTable 数据库的所有功能：HBase 使用 Hadoop HDFS 作为其文件存储系统，使用 Hadoop MapReduce 来处理 HBase 中的海量数据，使用 ZooKeeper 作为协同服务。

此外，Pig 和 Hive 还为 HBase 提供了高层语言支持，使得在 HBase 上进行数据统计变得非常简单；Sqoop 则为 HBase 提供了方便的传统关系型数据库数据导入功能，使得传统数据库数据向 HBase 中迁移变得非常方便。

HBase 的设计目的是处理非常庞大的表的数据，甚至能使用普通的计算机处理超过 10 亿行的、由数百万列元素组成的数据表的数据。

HBase 的特点有：

1）大：一个表可以有上亿行、上百万列。

2）面向列：面向列表（族）的存储和权限控制，列（族）独立检索。

3）稀疏：对于为空（null）的列，并不占用存储空间，因此，表可以设计得非常稀疏。

4）无模式：每行都有一个可排序的主键和任意多的列，列可以根据需要动态地增加，同一张表中不同的行可以有不同的列。

5）数据多版本：每个单元中的数据都可以有多个版本，默认情况下版本号自动分配，是单元格插入时的时间戳。

6）数据类型单一：数据都是字符串，无类型区别。

（2）HBase 与传统关系型数据库的对比分析

HBase 与传统关系型数据库存在很大区别，它按照 BigTable 模型开发，是一个稀疏的、分布式的、多维度的排序映射数组。HBase 是一个基于列模式的映射数据库，它只能表示很简单的"键—数据"映射关系，因而大大简化了传统的关系型数据库。

传统关系型数据库基本具备以下特点：

➢ 面向磁盘存储和索引结构。

➢ 多线程访问。

➢ 基于锁的同步访问机制。

➢ 基于日志记录的恢复机制。

HBase 和传统关系型数据库的具体区别如下：

➢ 数据类型：HBase 只有简单的字符串类型，所有其他类型都由用户自己定义，它只保存字符串，而关系型数据库有丰富的数据类型和存储方式。

➢ 数据操作：HBase 只提供很简单的插入、查询、删除、清空等操作，且 HBase 的表和表之间是分离的，没有复杂的表间关系，也没必要实现表和表之间的关联等操作，而传统的关系型数据库通常有各种各样的函数和连接操作。

➢ 存储模式：HBase 是基于列存储的，几个文件保存在一个列族中，不同列族的文件是分离的，而传统的关系型数据库是基于表格结构和行模式保存的。

➢ 数据维护：HBase 的更新其实不是更新，只是一个主键或者列对应的新版本，其旧版本仍然会保留，所以实际上只是插入了新的数据，而不是传统关系型数据库里的替换修改。

➢ 可伸缩性：HBase 能够轻易地增加或者减少（在硬件错误的时候）硬件数量，且对错误的兼容性较高，而传统的关系型数据库通常需要增加中间层才能实现类似的功能。

相比之下，BigTable 和 HBase 这类基于列模式的分布式数据库显然更适应海量存储和互联网应用的需求：首先，灵活的分布式架构使其可以利用廉价的硬件设备组建庞大的数据仓库；其次，互联网应用是以字符为基础的，而 BigTable 和 HBase 正是针对这些应用而开发出来的数据库。

（3）HBase 与 HDFS 的对比

HBase 与 HDFS 的对比见表 0-2。

表 0-2 HBase 和 HDFS 的对比

比较项	HBase	HDFS
写入方式	随机写入	仅能追加
扫描方式	随机读取、小范围扫描、全表扫描	全表扫描、分区扫描
读/写方式	适合随机读/写存储在 HDFS 上的数据	适合只写或者多次读取的方式
删除方式	指定删除	不支持指定删除，只能全表删除
SQL 性能	是 HDFS 的 1/5～1/4	非常好
结构化存储	列族、列	较随意、序列化文件
存储量	1PB 左右	30PB 左右
数据分布	表格根据 Regions 分布到不同集群中，当数据增长时，会自动分割 Regions，然后重新分布	数据以分布式方式存储在集群中的节点上。数据会被分成块，然后存储在 HDFS 集群中的节点上
数据存储	所有数据都以表、行和列的形式存储	所有数据都以小文件的形式存储，一般文件的大小为 64MB
数据模型	基于 Google 的 BigTable 模型，该模型使用 Key-Value 对进行存储	HDFS 中，使用 MapReduce 技术将文件划分为 Key-Value
使用场景	HBase 能够处理大规模数据，它不适合于批分析，但可以向 Hadoop 实时地调用数据	HDFS 最适合于执行批次分析，无法执行实时分析

(4) HBase 应用现状

HBase 于 2006 年诞生于 Powerset（一家从事自然语言处理和搜索的创业公司，后被微软收购）。HBase 的实现基于 Google 发布的 BigTable 论文，用来解决 Hadoop 中随机读/写效率低下的问题。2007 年 4 月，HBase 作为一个模块提交到 Hadoop 的代码库中，代码量约为 8000 行。2010 年 5 月，HBase 成为 Apache 的顶级项目。同年，Facebook 把 HBase 使用在其消息平台中。

目前，HBase 的代码已经超过 100 万行，HBase 仍然是最活跃的 Apache 项目之一，拥有 76 个 Committer、42 位 PMC、328 位 Contributor，其中，14 位 Committer/PMC 来自我国。

目前 HBase 被许多大公司所采用，如 Facebook、腾讯、阿里等，其主要应用场景可以归纳如下：

对象存储：不少的头条类、新闻类的内容存储在 HBase 之中，一些病毒防护公司的病毒库也存储在 HBase 之中。

时序数据：HBase 之上有 OpenTSDB 模块，可以满足时序类场景的需求。

推荐画像：特别是用户的画像，是一个比较大的稀疏矩阵。

时空数据：主要是轨迹、气象网格之类的数据，例如，某些打车软件的轨迹数据主要存储在 HBase 之中。另外，对于数据量特别大的车联网企业，数据都存储在 HBase 之中。

CubeDB OLAP：如 Kylin，一个 Cube 分析工具，底层的数据存储在 HBase 之中，不少客户基于离线计算构建的 Cube 存储在 HBase 之中，满足在线报表查询的需求。

消息/订单：在电信、银行领域，很多订单查询底层的存储以及很多通信、消息同步的应用构建在 HBase 之上。

Feeds 流：典型的应用就是与朋友圈相似的应用。

NewSQL：之上有 Phoenix 插件，可以满足二级索引、SQL 的需求，对接传统数据需要 SQL 非事务的需求。

3．HBase 存储设计

HBase 表结构的设计和关系型数据库不同。首先，HBase 需要为每一张表确定一个唯一的主键 RowKey，后续的查询操作都基于 RowKey 进行。其次，与关系型数据库需要设计表中的字段不同，HBase 仅需要为表设计好列族即可，列族中的列在插入数据时指定。

扫码观看视频

(1) HBase 的数据模型

HBase 是一张稀疏、多维度、排序的映射表，这张表的索引是行键、列族、列标识和时间戳。每个值都是一个未经解释的字符串，没有数据类型。用户在表中存储数据时，每一行都有一个可排序的行键和任意多的列。表在水平方向由一个或者多个列族组成，一个列族中可以包含任意多个列，同一个列族里面的数据存储在一起，列族支持动态扩展。用户可以很轻松地添加一个列族或列，无须预先定义列的数量以及类型。所有列均以字符串形式存储，用户需要自行进行数据类型转换。

在 HBase 中执行更新操作时，并不会删除数据旧的版本，而是生成一个新的版本，旧的版本仍然保留（这是和 HDFS 只允许追加不允许修改的特性相关的）。

表：HBase 采用表来组织数据，表由行和列组成，列划分为若干个列族。

行：Row Key 保存为字节数组，是用来检索记录的主键。行可以是任意字符串（最大长度是 64KB）。存储时，数据按照 Row Key 的字典序（byte order）排序存储。设计 Key 时，要充分考虑排序存储这个特性，将经常一起读取的行放到一起。

列族：由两部分组成，即 Column Family 和 Qualifier。列族是表的 Schema 的一部分（而列不是），必须在使用表之前定义。列名都以列族作为前缀。如 courses:history、courses:math 都属于 courses 这个列族。有关联的数据应放在一个列族里，不然会降低读写效率。目前，HBase 并不能很好地处理多个列族，建议最多使用两个列族。

列标识：列族里的数据通过列标识（或列）来定位。

时间戳（Timestamp）：HBase 中通过 Row 和 Columns 确定的一个存储单元称为 Cell。每个 Cell 都保存着同一份数据的多个版本。版本通过时间戳来索引。时间戳的类型是 64 位整型。时间戳可以由 HBase（在数据写入时自动）赋值，此时的时间戳是精确到毫秒的当前系统时间。时间戳也可以由客户显式赋值。如果应用程序要避免数据版本冲突，那么就必须自己生成具有唯一性的时间戳。每个 Cell 中，不同版本的数据按照时间倒序排序，即最新的数据排在最前面。为了避免数据存在过多版本造成的管理（包括存储和索引）负担，HBase 提供了两种数据版本回收方式：一是保存数据的最后 n 个版本，二是保存最近一段时间内的版本（比如最近 7 天）。用户可以对每个列族进行设置。

Cell：在 HBase 表中，通过行、列族和列标识确定一个"单元格"（Cell），由 {Row Key, Column(=<family> + abel>), version} 唯一确定一个单元。Cell 中的数据是没有类型的，全部以字节码形式存储。

（2）面向列的存储

HBase 中，表的索引是行关键字、列关键字和时间戳，每个值都是一个不加解释的字符数组，数据则都是字符串，没有其他类型。HBase 数据实例见表 0-3。

表 0-3 HBase 数据实例

Row Key	Timestamp	Column Family	
		URI	Parser
r1	t3	url=http://www.taobao.com	title= 天天特价
	t2	host=taobao.com	
	t1		
r2	t5	url=http://www.alibaba.com	content= 每天…
	t4	host=alibaba.com	

1）HBase 的概念视图。可以将一个 HBase 表看作一个大的映射关系，通过行键或者行键＋时间戳就可以定位一行数据。由于是稀疏数据，所以某些列可以是空白的。HBase 表所存储数据的概念视图实例见表 0-4。

表 0-4　HBase 表所存储数据的概念视图实例

Row Key	Timestamp	Column "contents:"	Column "anchor:"		Column "mime:"
com.cnn.www	t9		anchor:cnnsi.com	CNN	
	t8		anchor:my.look.ca	CNN.com	
	t6	\<html\>c...			text/html
	t5	\<html\>b...			
	t3	\<html\>a...			

该表是一个 Web 网页数据的存储片断，其中，行键名是一个反向 URL（即 com.cnn.www）；contents 列族用来存放网页内容；anchor 列族存放引用该网页的锚链接文本；CNN 的主页被 Sports Illustrater（即 SI，CNN 的体育节目）和 MY-look 的主页引用，因此包含了"anchor:cnnsi.com"和"anchor:my.look.ca"；每个网页的锚链接只有一个版本（由时间戳标识，如 t9、t8），而 contents 列则有三个版本，分别由时间戳 t3、t5 和 t6 标识。

2）HBase 的物理视图。虽然从概念视图来看，HBase 中的每个表都是由很多行组成的，但是，在物理存储时，它是按照列来保存的，例如，表 0-4 中的视图会被分拆成三个物理视图：表 0-5、表 0-6、表 0-7。这三个表分别对应表 0-4 中的三列，空值将不被存储，所以表 0-5 会有两行数据，表 0-6 会有三行数据，表 0-7 会有一行数据。

表 0-5　HBase 物理视图样例 1

Row Key	Timestamp	Column "anchor:"	
com.cnn.www	t9	anchor:cnnsi.com	CNN
	t8	anchor:my.look.ca	CNN.com

表 0-6　HBase 物理视图样例 2

Row Key	Timestamp	Column "contents:"
com.cnn.www	t6	\<html\>c...
	t5	\<html\>b...
	t3	\<html\>a...

表 0-7　HBase 物理视图样例 3

Row Key	Timestamp	Column "mime:"
com.cnn.www	t6	text/html

3）HBase 的体系架构。从物理上来说，HBase 是由三种类型的服务器以主从模式构成的。这三种服务器分别是 RegionServer、HBase HMaster、ZooKeeper。

其中，RegionServer 负责数据的读/写服务。用户通过 RegionServer 来实现对数据的访问。

HBase HMaster 负责 Region 的分配及数据库的创建和删除等操作。

ZooKeeper 作为 HDFS 的一部分，负责维护集群的状态（某台服务器是否在线、服务器之间数据的同步操作及 Master 的选举等）。

另外，Hadoop DataNode 负责存储所有 RegionServer 所管理的数据。HBase 中的所有数据都是以 HDFS 文件的形式存储的。为了使 RegionServer 所管理的数据更加本地化，RegionServer 是根据 DataNode 分布的。HBase 的数据在写入时都存储在本地。但当某一个 Region 被移除或被重新分配的时候，就可能产生数据不在本地的情况。这种情况只有在所谓的数据合并（Compaction）之后才能解决。NameNode 负责维护构成文件的所有物理数据块的元信息（metadata），HBase 的体系架构如图 0-1 所示。

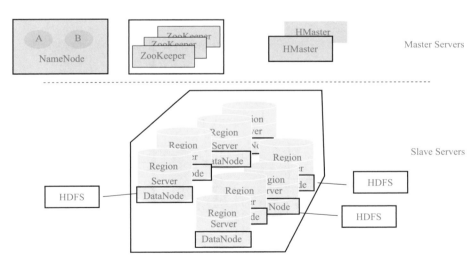

图 0-1　HBase 的体系架构

- HRegion。

HBase 使用 Row Key 将表水平切割为多个 HRegion。从 HMaster 的角度看，每一个 HRegion 都记录了 Row Key 的 Start Key 和 End Key。由于 Row Key 是可以排序的，因此 Client 可以通过 HMaster 节点快速定位 Row Key 在哪个 HRegion 中。HRegion 由 HMaster 节点分配到相应的 RegionServer 节点中，然后由 RegionServer 节点负责 HRegion 的启动和管理以及与

Client 的通信，并实现数据的读操作（使用 HDFS），如图 0-2 所示。

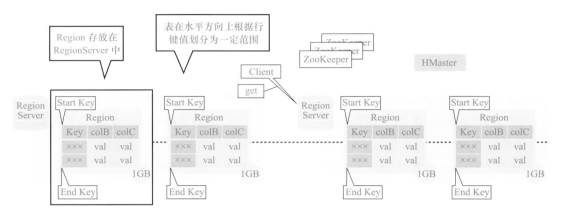

图 0-2 HBase 内部架构

- HMaster。

HMaster 避免了单点故障问题。用户可以启动多个 HMaster 节点，并通过 ZooKeeper 的 Master Election 机制保证同时只有一个 HMaster 节点处于 active 状态，其他的 HMaster 节点则处于热备份状态。但是，一般情况下只会启动两个 HMaster 节点，因为非 active 状态的 HMaster 节点会定期和 active 状态下的 HMaster 节点通信，获取其最新状态来保证自身的实时更新。如果启动的 HMaster 节点过多，那么反而会增加 active 状态下的 HMaster 节点的负担。

HMaster 职责主要包括两大部分，即监控 RegionServer 和管理 Region 的分配，如图 0-3 所示。

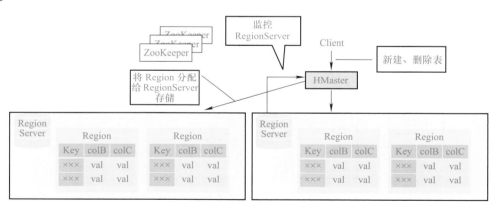

图 0-3 HMaster 职责

- ZooKeeper。

ZooKeeper 为 HBase 集群提供协调服务，它管理着 HMaster 节点和 RegionServer 节点的状态（available/alive 等），并且会在它们死机时通知 HMaster 节点，从而实现 HMaster 节点之间的故障切换，或对死机的 RegionServer 节点中的 HRegion 进行修复（将它们分配给其他的 RegionServer 节点）。从节点 HRegion 存储原理，如图 0-4 所示。

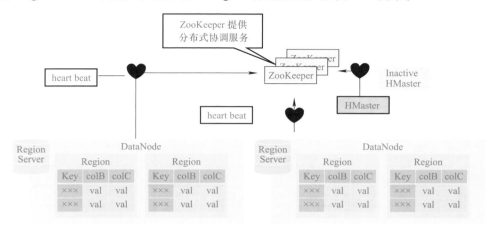

图 0-4　从节点 HRegion 存储原理

（3）HBase 的访问接口

HBase 常用的访问接口有以下五类：

HBase shell：HBase 的命令行工具，最简单的接口，适合 HBase 管理使用。

Native Java API：最常规和高效的访问方式。

Thrift Gateway：利用 Thrift 序列化技术，支持 C++、PHP、Python 等多种语言，适合其他异构系统在线访问 HBase 表数据。

REST Gateway：支持 REST 风格的 HTTP API 访问 HBase，解除了语言限制。

MapReduce：直接使用 MapReduce 作业处理 HBase 数据，使用 Pig/Hive 处理 HBase 数据。

1）HBase shell。

HBase 提供了一个 shell 的终端给用户交互，常用的命令如下：

进入命令行界面命令：#$HBASE_HOME/bin/hbase shell。

退出命令：quit。

查看运行状态：status。

查询帮助命令：help。help 命令具有以下选项，分别用于查询不同的命令组。

- General：普通命令组。
- Ddl：数据定义语言命令组。
- Dml：数据操作语言命令组。
- Tools：工具组。
- Replication：复制命令组。
- SHELL USAGE：shell 语法。

HBase shell 命令范例见表 0-8。

表 0-8　HBase shell 命令范例

名称	命令表达式
创建表	create ' 表名 ', ' 列族名 1', ' 列族名 2', ' 列族名 N'
查看所有表	list
描述表	describe ' 表名 '
判断表是否存在	exists ' 表名 '
判断是否禁用启用表	is_enabled ' 表名 ' 'is_disabled ' 表名 '
添加记录	put ' 表名 ', 'rowkey', ' 列族：列 ', ' 值 '
查看记录 rowkey 下的所有数据	get ' 表名 ', 'rowkey'
查看表中的记录总数	count ' 表名 '
获取某个列族	get ' 表名 ', 'rowkey', ' 列族 '
获取某个列族的某个列	get ' 表名 ', 'rowkey', ' 列族：列 '
删除记录	delete ' 表名 ', ' 行名 ', ' 列族：列 '
删除整行	deleteall ' 表名 ', 'rowkey'
删除一张表	先要屏蔽该表，才能对该表进行删除第一步 disable' 表名 '，第二步 drop' 表名 '
清空表	truncate ' 表名 '
查看所有记录	scan " 表名 "
查看某个表某个列中的所有数据	scan " 表名 ", {COLUMNS=>' 列族名：列名 '}
更新记录	重写一遍并进行覆盖，在 HBase 进行的都是追加操作

2）Native Java API。

Native Java API 是 HBase 最常规和高效的访问方式，缩写为 JNI（Java Native Interface），中文为 Java 本地调用，从 Java 1.1 开始，JNI 标准成为 Java 平台的一部分，它允许 Java 代码和其他语言写的代码进行交互。JNI 一开始是为了本地已编译语言（尤其是 C 和 C++）而设计的，但是它并不妨碍用户使用其他语言，只要调用约定受支持就可以了。JNI 是 JDK 的一部分，用于为 Java 提供一个本地代码的接口。使用 JNI 编写的程序能够确保用户的代码能够完全移植到所有的平台。JNI 使得运行在 JVM 虚拟机上的 Java 代码能够操作及使用其他语言编写的应用程序和库，如 C/C++ 以及汇编语言等。此外，JNI 提供的某些 API 还允许用户把 JVM 嵌入本地应用程序中。

使用 Java 与本地已编译的代码交互，通常会丧失平台可移植性。但是，有些情况下这样做是可以接受的，甚至是必须的，比如，使用一些旧的库与硬件、操作系统进行交互，或者为了提高程序的性能。JNI 标准至少保证本地代码能工作在任何 Java 虚拟机下。

JNI 的设计目的：

① 标准的 Java 类库可能不支持用户的程序所需的特性。

② 或许用户已经有了一个用其他语言编写的库或程序，但却希望在 Java 程序中使用它。

③ 用户可能需要用底层语言（如汇编语言）实现一段小型的时间敏感代码，然后在用户的 Java 程序中调用。

几个主要 HBase API 类和数据模型之间的对应关系见表 0-9。

表 0-9 HBase API 类和数据模型之间的对应关系

API 类	HBase 数据模型
HBaseAdmin	数据库（DataBase）
HBaseConfiguration	
HTable	表（Table）
HTableDescriptor	列族（Column Family）
Put	列修饰符（Column Qualifier）
Get	
Scanner	

3）Thrift Gateway。

Thrift Gateway 利用 Thrift 序列化技术，支持 C++、PHP、Python 等多种语言，适合其他异构系统在线访问 HBase 表数据。

目前的 HBase（0.94.11，本文即基于此版本）有两套 Thrift 接口（可以称为 thrift1 和 thrift2），它们并不兼容。要使用 HBase 的 Thrift 接口，必须将它的服务启动，命令为 hbase-deamon.sh start thrift2。

Thrift 接口的主要结构如下：

TColumn：对列的封装。

TColumnValue：对列及其值的封装。

TResult：对单行（Row）及其查询结果（若干 colunm value）的封装。

TGet：对查询一行（Row）的封装，可以设置行内的查询条件。

TPut：与 TGet 一样，只是它是写入若干"列"。

TDelete：与 TGet 一样，只是它是删除若干"列"。

TScan：对查询多行和多列的封装，有点类似于"cursor"。

TRowMutations：实际上是若干个 TDelete 和 TPut 的集合，完成对一行内数据的"原子"操作。

主要的函数如下：

get()：对某一行内的查询，输入的是表名、TGet 结构，输出的是 TResult。

getMultiple()：实际上是对 get() 的扩展，输入的是表名、TGet 数组，输出的是 TResult 数组。

openScanner()：打开一个 scanner。

getScannerRows()：从这个打开的 scanner 中顺序得到若干行（也就是一个 TResult 数组，行数可指定），得不到数据行时可认为已读完。

closeScanner()：关闭这个 scanner。查询的条件由 TScan 封装，在打开时传入。需要注意的是，每次取数据的行数要合适，否则会出现效率问题。

put()：在某一行内增加若干列，输入的是表名、TPut 结构。

putMultiple()：对 put() 的扩展，一次增加若干行内的若个列，输入的是表名、TPut 数组。

checkAndPut()：这个函数提供了一种"原子"操作的概念，当传入的（表名＋列族名＋列名＋数据）都存在于数据库时，才进行操作，返回 true，否则不进行任何操作并返回 false。可以看出，HBase 内部实现这个操作时肯定是加锁的。它使用的场合如下：一个用户在某时刻取得了某个值，以后只有在确保没有其他人操作该值的情况下才能进行更新。

exists()：检查表内是否存在某行或某行内的某些列，输入的是表名、TGet，输出的是 bool。

mutateRow()：将某行内的若干 put 和 delete 操作集合起来，形成一个"原子"操作，输入的是表名、TRowMutations 结构。

increment()：增加一行内某些列的值，这个操作比较特别，是专门用于计数的，也保证了"原子"操作特性。

4）Rest Gateway。

Rest Gateway 支持 REST 风格的 HTTP API 访问 HBase，解除了语言限制。

以下代码用于读取 testtable 表、行键 row6、列族 family1、列 column6：

```
Cluster cluster=new Cluster();
cluster.add("master", 8080);
Client client=new Client(cluster);
RemoteHTable table=new RemoteHTable(client, "testtable");
Get get=new Get(Bytes.toBytes("row6"));
get.addColumn(Bytes.toBytes("family1"), Bytes.toBytes("column6"));
Result result=table.get(get);
System.out.println(result);
table.close();
```

5）MapReduce。

通过 MapReduce 可以直接使用 MapReduce 作业处理 HBase 数据，也可以使用 Pig/Hive 间接调用 MapReduce 来处理 HBase 数据。

主要步骤为：

① 创建 Job 对象，设置基本属性。

② 设置 scan 对象，指定扫描区间和数据列。

③ 提交作业。

因为 HBase 对稀疏数据和多版本的良好支持，因此对于关系模型中的两张表，在 HBase 中可以用一张表进行存储，这里命名为 t_student。

表的 Row Key 可以设计为学号（student_id）。基本信息可以设计为使用 basic_info 列族进行存储，列是原 student 基本信息表中的列。考试成绩可以设计为使用 exam_score 列族进行存储，列是考试科目 ID，版本时间戳为考试时间。这里要注意的是，因为考试成绩可能有多个（如补考的情况），因此，这个列族的版本需要设置得多一些，避免历史考试成绩被覆盖（默认版本数为 3）。

t_student 表的结构见表 0-10。

表 0-10　t_student 表的结构

Row Key	column family:basic_info				column family:exam_score				
	name	sex	birthday	major_id	1001	1002	1003	1004	1005
1400001	Zhang San	1	10/24/1995	434	81.5	93			
1403012	Li Si	0	2/12/1996	311	75		64.5	88	
1405104	Wang Wu	1	12/4/1995	213			72.5		55 68

t_student 表中的数据转换到 HBase 后，实际的数据如图 0-5 所示。

```
hbase(main):041:0> scan 't_student', {VERSIONS=>10}
ROW                         COLUMN+CELL
 1401001                    column=basic_info:birthday, timestamp=1565535042420, value=1995-10-24
 1401001                    column=basic_info:major_id, timestamp=1565535043604, value=434
 1401001                    column=basic_info:name, timestamp=1565534968950, value=Zhang San
 1401001                    column=basic_info:sex, timestamp=1565535042367, value=1
 1401001                    column=exam_score:1001, timestamp=1530547200000, value=81.5
 1401001                    column=exam_score:1002, timestamp=1530547200000, value=93
 1403012                    column=basic_info:birthday, timestamp=1565535408258, value=1996-02-12
 1403012                    column=basic_info:major_id, timestamp=1565535408304, value=311
 1403012                    column=basic_info:name, timestamp=1565535408189, value=Li Si
 1403012                    column=basic_info:sex, timestamp=1565535408221, value=0
 1403012                    column=exam_score:1001, timestamp=1530547200000, value=75
 1403012                    column=exam_score:1003, timestamp=1530633600000, value=64.5
 1403012                    column=exam_score:1004, timestamp=1530633600000, value=88
 1405104                    column=basic_info:birthday, timestamp=1565535525296, value=1995-12-04
 1405104                    column=basic_info:major_id, timestamp=1565535525314, value=213
 1405104                    column=basic_info:name, timestamp=1565535525237, value=Wang Wu
 1405104                    column=basic_info:sex, timestamp=1565535525271, value=1
 1405104                    column=exam_score:1003, timestamp=1530633600000, value=72.5
 1405104                    column=exam_score:1005, timestamp=1531324800000, value=68
 1405104                    column=exam_score:1005, timestamp=1530720000000, value=55
```

图 0-5　t_student 表中的数据转换到 HBase 后的实际数据

小　　结

本部分介绍了 HBase 数据库的基础知识。HBase 数据库是 BigTable 的开源实现，和 BigTable 一样，支持大规模海量数据，分布式并发数据处理效率极高，易于扩展且支持动态伸缩，适用于廉价设备。

HBase 实际上就是一张稀疏、多维、持久化存储的映射表，它采用行键、列键和时间戳进行索引，每个值都是未经解释的字符串。

HBase 采用分区存储，一张大的表会被分拆成多个 Region，这些 Region 会被分发到不同的服务器上以实现分布式存储。

HBase 的体系架构包括客户端、ZooKeeper 服务器、HBase Master 主服务器、Region Server。客户端包含访问 HBase 的接口；ZooKeeper 服务器负责提供稳定、可靠的协同服务；HBase Master 主服务器主要负责表和 Region 的管理工作；RegionServer 负责维护分配给自己的 Region，并响应用户的读/写请求。

HBase 可以支持 HBase shell、Native Java API、Thrift Gateway、REST Gateway、MapReduce 等多种访问接口，可以根据具体应用选择。

练 习

1．请说出 HBase 的主要特点。
2．请说出 HBase 和传统关系型数据库的区别。
3．HBase 的访问接口有哪些？
4．请描述 HBase 主要的应用场景。
5．HBase 的 Row Key 怎么创建比较好？列族怎么创建比较好？
6．HBase 内部是什么机制？ZooKeeper、Master、RegionServer 的职责是什么？

Project 1

项目1
HBase安装、部署与运行

项目概述

本项目介绍了 HBase 的不同安装及部署方法。在本项目中要求完成 HBase 部署环境的准备、HBase 伪分布式模式的安装及部署、独立 ZooKeeper 集群的部署,并在此基础上完成 HBase 完全分布式模式的安装及部署。通过命令运行安装好的 HBase,通过 Web UI 监控 HBase 运行状态。

学习目标:

- 理解 HBase 不同安装方式的区别。
- 掌握 HBase 伪分布式模式安装步骤。
- 理解 ZooKeeper 的原理与体系架构。
- 掌握 ZooKeeper 集群的搭建和操作方法。
- 掌握 HBase 完全分布式模式的部署过程。
- 掌握 HBase 启动、关闭等操作方法,能够通过 Web UI 监控 HBase 运行。

项目1 HBase安装、部署与运行

任务1 准备企业部署环境

任务描述

通过岗前培训的内容可以知道，HBase 进行分布式数据存储具有非常广泛的应用场景。要实现基于 HBase 进行微博数据、用户画像等数据的存储，首先需要安装并部署好 HBase 平台。HBase 作为 Hadoop 生态圈中的平台之一，安装和运行依赖于 Hadoop 平台。本任务要求完成调研企业进行 HBase 安装及部署的前提条件，并提前准备好部署的软硬件环境，为顺利部署 HBase 打好基础。

任务分析

HBase 的安装和运行依赖于 JDK 和 Hadoop。必须将 HBase 安装操作的基础环境提前设置好，才能进行 HBase 的安装和操作。本任务要求完成 JDK 和 Hadoop 环境的安装及部署，为后续进行 HBase 的安装及部署打下基础。

在实际企业应用中，HBase 平台需要在 Hadoop 平台基础上搭建和运行。对于，HBase 的伪分布式环境的安装及部署，需要提前部署好单节点的伪分布式 Hadoop；对于 HBase 的完全分布式集群的安装及部署，需要提前部署好完全分布式的 Hadoop 集群。本任务将完成 JDK 和单节点伪分布式 Hadoop 平台的安装及部署，为后续安装及部署单节点伪分布式 HBase 做好环境基础设置工作。

搭建 HBase 伪分布式软件环境，需要一台主机，并需要提前安装及部署好软件环境，见表1-1。

表 1-1 HBase 伪分布式软件环境

编号	软件基础	说明
1	操作系统	CentOS 7，主机名 node1
2	Java 编译器	JDK1.8
3	伪分布式 Hadoop 平台	hadoop-2.7.3

通过表 1-1 可以看出，需要在 CentOS 7 操作系统环境下的 node1 主机节点上安装及部署 JDK1.8 和伪分布式模式的 hadoop-2.7.3，为实现 HBase 伪分布式的安装及部署提供环境基础。

知识准备

1. HBase 和 JDK、Hadoop 各版本的兼容关系

HBase 即 Hadoop DataBase，是 Apache 基金会下的 Hadoop 项目的子项目。Hadoop HDFS 为 HBase 提供了高可靠性的底层存储支持，Hadoop MapReduce 为 HBase 提供了高性能的计算能力。因此，HBase 分布式数据库的安装和运行需要依赖于 Hadoop 平台，在安装 HBase 之前需要提前安装好 Hadoop。

HBase 和 Hadoop 平台一样，都是基于 Java 语言开发的，也就是它们的原生语言都是 Java，因此 HBase 的安装和运行也需要依赖于 JDK。在安装 HBase 之前需要了解 HBase 和 JDK 以及 HBase 与 Hadoop 各版本之间的兼容性。HBase 各版本和 JDK 之间的兼容关系见表 1-2。表中，对号表示兼容；叉号表示不兼容；叹号表示未经过官方测试，不推荐使用。

表 1-2　HBase 各版本和 JDK 之间的兼容关系

HBase 版本	JDK 7	JDK 8	JDK 9（非 LTS）	JDK 10（非 LTS）	JDK 11
2.0+	✖	✔	❗ hbase-20264	❗ hbase-20264	❗ hbase-21110
1.2+	✔	✔	❗ hbase-20264	❗ hbase-20264	❗ hbase-21110

注：✔表示兼容，✖表示不兼容，❗表示未经过官方测试。

通过表 1-2 可以看出，HBase 2.0 以上的版本和 JDK 8 的兼容性最好，JDK 7 不支持，JDK 9 以上的版本未经过官方测试，不推荐使用。HBase 1.2 以上 2.0 以下的版本，JDK 7 和 JDK 8 都可以兼容，JDK 9 以上的版本未经过官方测试，不推荐使用。

HBase 和 Hadoop 各个版本之间的兼容关系见表 1-3。

表 1-3　HBase 和 Hadoop 各个版本之间的兼容关系

	HBase-1.2.x、HBase-1.3.x	HBase-1.4.x	HBase-2.0.x	HBase-2.1.x
hadoop-2.4.x	✔	✖	✖	✖
hadoop-2.5.x	✔	✖	✖	✖
hadoop-2.6.0	✖	✖	✖	✖
hadoop-2.6.1+	✔	✖	✔	✖
hadoop-2.7.0	✖	✖	✖	✖
hadoop-2.7.1+	✔	✔	✔	✔
hadoop-2.8.[0-1]	✖	✖	✖	✖
hadoop-2.8.2	❗	❗	❗	❗
hadoop-2.8.3+	❗	❗	✔	✔
hadoop-2.9.0	✖	✖	✖	✖
hadoop-2.9.1+	❗	❗	❗	❗
hadoop-3.0.[0-2]	✖	✖	✖	✖
hadoop-3.0.3+	✖	✖	✔	✔
hadoop-3.1.0	✖	✖	✖	✖
hadoop-3.1.1+	✖	✖	✔	✔

注：同表 1-2 表注。

在安装和部署 HBase 之前，需要综合考虑 HBase 与 JDK 版本和 Hadoop 版本之间的兼容性，选择合适的 HBase 版本。另外，还需要提前安装好 JDK 和 Hadoop，之后安装 HBase。

2．HBase 的安装运行模式

HBase 的运行模式可以分为独立模式（Standalone）和分布式模式。独立模式是默认的运行模式。在独立模式下，HBase 默认不使用 HDFS 作为底层存储，而是使用本地文件系统存储。它在同一个 JVM 中运行所有 HBase 守护进程和本地 ZooKeeper。分布式模式又可以细分为伪分布式模式和完全分布式模式。伪分布式模式可以针对本地文件系统运行，也可以针对 Hadoop 分布式文件系统（HDFS）的实例运行。完全分布式模式只能在 HDFS 上运行。

根据 HBase 运行模式的不同，可以将 HBase 的安装分为三种方式，见表 1-4。

表 1-4 HBase 的安装方式

编号	HBase 安装方式	特点
1	独立模式（Standalone）	单节点，部署简单，使用自带的 ZooKeeper，所有守护进程和 ZooKeeper 进程都运行在一个 JVM 中
2	伪分布式模式	单节点，使用自带的 ZooKeeper，守护进程和 ZooKeeper 进程独立运行
3	完全分布式模式	多节点，使用单独搭建的 ZooKeeper 集群，守护进程分布在集群中的所有节点上

在表 1-4 列出的 HBase 的三种安装方式中，默认情况下，HBase 是以独立模式运行的。提供独立模式和伪分布式模式都是为了进行小规模测试，不能用于生产环境和性能评估。对于生产环境，建议使用完全分布式模式部署集群。

任务实施

按照以下步骤完成 JDK 和伪分布式 Hadoop 平台的部署，为安装 HBase 提供环境基础。

1. 关闭防火墙

查看防火墙状态的命令：

`systemctl status firewalld`

关闭防火墙的命令：

```
systemctl stop firewalld
systemctl disable firewalld
```

2. 关闭 selinux

查看 selinux 状态的命令：

`sestatus`

临时关闭 selinux，不用重启机器，命令如下：

`setenforce 0`

还可以在配置文件中永久关闭，修改完后需要重启机器生效。

打开配置文件：

`vim /etc/sysconfig/selinux`

修改文件，将 selinux 文件中需要修改的元素 SELINUX 设置为禁用：

`SELINUX=disabled`

3. 修改主机名为 node1，并配置主机名和 IP 地址的映射

运行以下命令修改主机名：

```
hostnamectl set-hostname node1
```

下面配置主机名与IP地址的映射。

打开配置文件：

```
vim /etc/hosts
```

在文件中添加以下配置：

```
主机IP地址 node1
```

4．配置SSH（Secure shell）免密码登录

免密码登录本机，执行以下命令产生密钥，位于/root/.ssh目录：

```
ssh-keygen –t rsa
```

执行以下命令，创建密钥文件authorized_keys：

```
cp ~/.ssh/id_rsa.pub ~/.ssh/authorized_keys
```

下面进行验证。

执行以下命令登录主机：

```
ssh localhost
```

执行以下命令退出连接：

```
exit
```

5．安装及配置JDK1.8

检查JDK是否已安装：

```
java –version
```

如果未安装，则将下载好的jdk安装包放到系统的/usr/local目录下，然后解压安装包：

```
tar zxvf /usr/local/jdk-8u112-linux-x64.tar.gz
mv /usr/local/jdk1.8.0_112 /usr/local/jdk   // 文件夹换成短名
```

设置环境变量：

```
vim /etc/profile  # 编辑此文件，增加两行内容
export JAVA_HOME=/usr/local/jdk
export PATH=.:$JAVA_HOME/bin:$PATH
```

执行以下命令，使设置立即生效：

```
source /etc/profile
```

6．安装及配置Hadoop

进入Hadoop的存放目录，解压Hadoop：

```
tar zxvf hadoop-2.7.3.tar.gz# 解压安装包
mv hadoop-2.7.3 hadoop# 改为短名
```

设置环境变量：

```
vim /etc/profile # 编辑此文件，增加两行内容
export HADOOP_HOME=/usr/local/hadoop
export PATH=.:$HADOOP_HOME/bin:$HADOOP_HOME/sbin:$PATH
```

执行以下命令，使设置立即生效：

source /etc/profile

修改 ./etc/hadoop/hadoop-env.sh 文件，配置 JDK 的路径：

export JAVA_HOME= /usr/local/jdk

修改 yarn-env.sh 文件，配置 JDK 的路径：

export JAVA_HOME=/usr/local/jdk

下面修改 Hadoop 配置文件，这些配置文件都放在 /usr/local/hadoop/etc/hadoop 目录下。

1）修改 /usr/local/hadoop/etc/hadoop/core-site.xml 文件，添加以下配置，设置 HDFS 的节点和端口号：

```
<configuration>
<property>
<name>fs.defaultFS</name>
<value>hdfs://localhost:8020</value>
</property>
</configuration>
```

2）修改 /usr/local/hadoop/etc/hadoop/hdfs-site.xml，添加以下配置，设置文件系统数据块的副本数为 1：

```
<configuration>
<property>
<name>dfs.replication</name>
<value>1</value>
</property>
</configuration>
```

3）修改 /usr/local/hadoop/etc/hadoop/mapred-site.xml，添加以下配置，设置 MapReduce 的框架为 yarn：

```
<configuration>
<property>
<name>mapreduce.framework.name</name>
<value>yarn</value>
</property>
</configuration>
```

4）修改 /usr/local/hadoop/etc/hadoop/yarn-site.xml，配置 NodeManager 上运行的任务类型为 MapReduce Shuffle 任务：

```
<configuration>
<property>
<name>yarn.nodemanager.aux-services</name>
<value>mapreduce_shuffle</value>
</property>
</configuration>
```

7．格式化并启动 Hadoop

经过以上 6 个步骤的安装和配置，伪分布式模式的 Hadoop 已经安装完成，可以启动 Hadoop。

1）启动之前先执行以下命令格式化 Hadoop 文件系统：

```
hadoop namenode -format
```

2）启动 Hadoop：

启动所有进程（包括 HDFS 和 MapReduce）的命令为 start-all.sh，关闭所有进程的命令为 stop-all.sh。运行 start-all.sh 命令后启动 Hadoop，在命令行终端运行 jps 命令来验证是否启动成功。jps 的结果显示已经启动了以下五个进程，说明 Hadoop 伪分布式模式安装成功：NameNode、DataNode、ResourceManager、NodeManager、SecondaryNameNode。

任务 2　部署 HBase 伪分布式模式

任务描述

通过任务 1 可知，HBase 有三种不同的安装方式，在测试场景下经常会部署单节点的伪分布式 HBase，本任务要求在前面已完成安装及部署 Hadoop 平台的 node1 节点上，完成 HBase 伪分布式模式的安装和部署，安装完成后需要启动并访问 HBase。

任务分析

本任务要求在已经安装及部署好 JDK1.8 和伪分布式模式的 hadoop-2.7.3 的 node1 节点上完成 HBase 伪分布式模式的部署。通过任务 1 中的表 1-1 和表 1-2 的内容，查找并选择与 JDK1.8 和 hadoop-2.7.3 兼容的 HBase 较新的版本，然后完成安装。

本任务选择与已安装的 JDK 和 Hadoop 版本相兼容的也相对较新的 hbase-1.4.0 来进行安装。在 Apache 官网下载 HBase 安装包。下载好安装包以后解压安装。通过 start-hbase 命令启动 HBase，通过 jps 命令查看 HBase 的进程，通过 stop-hbase.sh 命令关闭 HBase。

知识准备

HBase 和 Hadoop 一样，体系架构都为主从（Master/Slave）架构。主节点运行的服务进程名称为 HMaster，从节点服务进程名称为 HRegionServer，底层采用 HDFS 存储数据。HBase 的伪分布式模式是指在一个节点（即一台主机或服务器）上安装和部署 HBase，使得 HBase 的所有守护进程和 ZooKeeper 进程都运行在一台机器上。

实际上，伪分布式模式可以看成是单节点的完全分布式模式。伪分布式模式和完全分布式模式的区别是伪分布式模式可以针对本地文件系统运行，也可以针对 Hadoop 分布式文件系统（HDFS）的实例运行。完全分布式模式只能在 HDFS 上运行。伪分布式模式一般使用 HBase 自带的 ZooKeeper 提供分布式协调服务，而完全分布式模式为了降低 HBase 和 ZooKeeper 集群的耦合性，便于运行维护，一般不使用自带的 ZooKeeper，而是单独搭建

ZooKeeper 集群。

伪分布式模式下的 HBase 体系架构如图 1-1 所示。

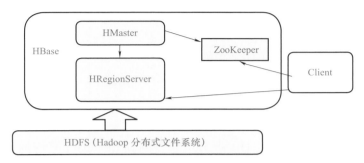

图 1-1 伪分布式模式下的 HBase 体系架构

图 1-1 中的 Clinet 是指访问 HBase 的客户端接口,负责维护 cache 来加快对 HBase 的访问,如可以记录 Region 的位置信息等。

HBase 每时每刻都只有一个 HMaster 主服务器程序在运行,HMaster 将 Region 分配给 RegionServer(Region 服务器),协调 RegionServer 的负载并维护集群的状态。HMaster 不会对外提供数据服务,而是由 RegionServer 负责所有 Region 的读/写请求及操作。

由于 HMaster 只维护表和 Region 的元数据,而不参与数据的输入/输出过程,因此 HMaster 失效仅仅会导致所有的元数据无法被修改,但表的数据读/写还是可以正常进行的。

HMaster 的主要作用可以总结为以下几点:

1)为 RegionServer 分配 Region。

2)负责 RegionServer 的负载均衡。

3)发现失效的 RegionServer 并重新分配其上的 Region。

4)完成 HDFS 上的垃圾文件回收。

5)处理 Schema 更新请求。

HRegionServer 进程主要用于维护 HMaster 分配给它的 Region,处理对这些 Region 的 I/O 请求,负责切分运行过程中变得过大的 Region。

在 HBase 中,Client(客户端)访问 HBase 上的数据时并不需要 HMaster 参与,而是通过寻址访问 ZooKeeper 和 RegionServer,通过数据读/写访问 RegionServer,HMaster 仅仅维护表和 Region 的元数据信息。将表的元数据信息保存在 ZooKeeper 上,可以降低主节点 HMaster 的负载。

注意:HMaster 上存放的元数据是 Region 的存储位置信息,但是在用户读/写数据时,都是先写到 RegionServer 的 Write Ahead Log(WAL)日志中,之后由 RegionServer 负责将其刷新到 Region 中。所以,用户并不直接接触 Region,无须知道 Region 的位置,也并不从 HMaster 处获得位置元数据,而是从 ZooKeeper 中获取 RegionServer 的位置元数据之后直接与 RegionServer 通信。

当 HRegionServer 意外终止后，HMaster 会通过 ZooKeeper 感知到。

ZooKeeper 的主要作用如下：

1）HBase 的 RegionServer 向 ZooKeeper 注册，提供 RegionServer 是否正常运行等的状态信息。

2）HMaster 启动的时候会将 HBase 系统表 -root- 加载到 ZooKeeper，通过 ZooKeeper 可以获取当前系统表 .meta. 的存储所对应的 RegionServer 信息。

任务实施

1）解压安装包。将下载好的 HBase 安装包复制到 CentOS 7 系统的 /usr/local 目录下，然后进行解压，并改为短路径名，这样在后面配置环境变量时可使路径简化，方便书写。具体操作命令如下：

```
# cd /usr/local
#tar zxvf hbase-1.4.0-bin.tar.gz
#mv HBase-1.4.0-bin  hbase
```

2）配置环境变量。在 /etc/profile 文件中配置 HBase 安装路径环境变量，使得 HBase 的操作命令在任意目录下都可以访问。具体操作如下：

```
#vim  /etc/profile
```

在上面的文件中添加以下两行内容：

```
export HBASE_HOME=/usr/local/hbase
export PATH=$PATH:$HBASE_HOME/bin
```

3）修改 HBase 安装路径下的 conf 目录下的两个配置文件：hbase-env.sh 和 hbase-site.xml。

在 hbase-env.sh 文件中增加以下两行配置代码：

```
export JAVA_HOME=/usr/local/jdk1.8
export HBASE_MANAGES_ZK=true
```

注意事项：HBase 的运行需要依赖 JDK，所以在 hbase-env.sh 文件中配置了 JDK 的安装路径 JAVA_HOME，此项配置要和本机实际的 JDK 安装路径保持一致。将 HBASE_MANAGES_ZK 配置项配置为 true，表示使用 HBase 自带的 ZooKepper 实现分布式协调服务。如果单独安装 ZooKeeper，则需要把此配置项改为 false。

hbase-site.xml 文件中的配置内容如下：

```
<property>
    <name>hbase.rootdir</name>
    <value>hdfs://node1:9000/hbase</value>
</property>
<property>
    <name>hbase.zookeeper.quorum</name>
    <value>node1</value>
</property>
<property>
```

项目1
HBase安装、部署与运行

```xml
    <name>dfs.replication</name>
    <value>1</value>
</property>
<property>
    <name>hbase.cluster.distributed</name>
    <value>true</value>
</property>
```

注意事项：需要注意 hbase-site.xml 文件中配置的几个配置项的含义。hbase.rootdir 配置的是 HBase 数据在 HDFS 下的存储路径，这个目录是 RegionServer 的共享目录，用来持久化 HBase。配置的 URL 需要包含 HDFS 的 schema，即以 hdfs:// 开头，后面跟 HDFS 的主节点主机名和端口号，要和已安装好的 Hadoop 配置的 NameNode 主机名和端口号一致。hbase.zookeeper.quorum 配置项的含义是 ZooKeeper 所在节点的主机名；dfs.replication 配置的是文件存放的副本数，伪分布式模式下配置为 1 即可。hbase.cluster.distributed 配置项的含义是是否使用集群模式，默认情况下此配置项的值为 false，表示本地模式（Standalone），如果使用伪分布式模式或完全分布式模式，那么需要将此选项值配置为 true。

4) 搭建完伪分布式 HBase 之后，通过 start-hbase.sh 来启动 HBase。因为 HBase 依赖于 Hadoop，所以启动 HBase 之前需要先运行 start-all.sh 命令启动 Hadoop。伪分布式 HBase 的启动过程如图 1-2 所示。

5) 在终端运行 jps 命令查看运行结果。如果已经启动了以下三个 HBase 相关的进程，则说明伪分布式模式 HBase 启动成功。伪分布式 HBase 相关进程如图 1-3 所示。

```
[root@node1 local]# start-hbase.sh
node1: starting zookeeper, logging to /usr/local/hbase/bin/../logs/h
okeeper-node1.out
starting master, logging to /usr/local/hbase/logs/hbase-root-master-
OpenJDK 64-Bit Server VM warning: ignoring option PermSize=128m; sup
oved in 8.0
OpenJDK 64-Bit Server VM warning: ignoring option MaxPermSize=128m;
removed in 8.0
starting regionserver, logging to /usr/local/hbase/logs/hbase-root-1
```

```
[root@node1 local]# jps
8192 HMaster
8993 NodeManager
7716 SecondaryNameNode
8324 HRegionServer
9271 Jps
7577 DataNode
7451 NameNode
8124 HQuorumPeer
8892 ResourceManager
```

图 1-2 伪分布式 HBase 的启动过程　　　　图 1-3 伪分布式 HBase 相关进程

注意事项：图 1-3 中的 HMaster 进程是 HBase 主节点的进程，HRegionServer 是 HBase 从节点的进程，HQuorumPeer 是 HBase 自带的 ZooKeeper 启动进程。伪分布式模式的主节点和从节点运行在一台主机上，所以上面的三个进程会同时出现在这一个节点上。

6) HBase 和 Hadoop 的关闭顺序是先关闭 HBase，然后关闭 Hadoop。使用 stop-hbase.sh 命令关闭 HBase 如图 1-4 所示。

```
[root@node1 local]# stop-hbase.sh
stopping hbase...................
node1: stopping zookeeper.
```

图 1-4 伪分布式 HBase 的关闭

注意事项：使用 stop-hbase.sh 命令关闭伪分布式 HBase 时，会将 HMaster、HRegionServer、和 ZooKeeper 的进程 HQuorumPeer 全部关掉。

任务 3 安装 ZooKeeper

任务描述

ZooKeeper 是 HBase 依赖的重要组件,HBase 安装包中已经集成了 ZooKeeper,伪分布式 HBase 可以使用自带的 ZooKeeper。但在生产场景下,为了实现 HBase 和 ZooKeeper 的解耦合,以便于维护,通常会在安装及部署多节点的 HBase 集群之前独立安装及部署 ZooKeeper 集群。本任务要求完成独立 ZooKeeper 集群的安装及部署,学会启动、关闭 ZooKeeper,查看 ZooKeeper 运行状态,为后面的 HBase 完全分布式集群安装及部署提供基础。

任务分析

本任务要求完成三个节点的 ZooKeeper 集群的部署及搭建。首先需要在 Apache 官网选择并下载合适的 ZooKeeper 版本,并根据操作步骤进行解压安装。安装完成后使用 zkServer.sh start 命令启动各个节点的 ZooKeeper 服务,启动完毕后,使用 zkServer.sh status 命令查看状态,使用 zkServer.sh stop 命令关闭 ZooKeeper 服务。

ZooKeeper 的安装方式分为三种模式:单机模式、伪分布式模式和完全分布式模式。在安装及部署 HBase 完全分布式集群时,通常不使用 HBase 自带的 ZooKeeper 集群,而是使用独立安装的 ZooKeeper 集群。为后面搭建 HBase 集群方便,本任务要求完成三个节点的 ZooKeeper 集群安装及部署过程。ZooKeeper 集群的规划见表 1-5。

表 1-5 ZooKeeper 集群规划

主机名	节点环境
node1	CentOS 7、JDK1.8、hadoop-2.7.3
node2	CentOS 7、JDK1.8、hadoop-2.7.3
node3	CentOS 7、JDK1.8、hadoop-2.7.3

知识准备

1. ZooKeeper 介绍

ZooKeeper 是一个分布式的、开放源码的分布式应用程序协调服务框架,是 Google Chubby 的一个开源的实现。ZooKeeper 基于 Java 语言开发,目前是 Apache 的顶级子项目之一,是 Hadoop 和 HBase 的重要组件,在分布式集群中被广泛应用。ZooKeeper 可以为分布式应用提供一致性服务,如分布式同步、配置管理、集群管理、命名管理、队列管理等功能。

ZooKeeper 作为一个分布式的服务框架，主要用来解决分布式集群中应用系统的一致性问题，它能提供类似于文件系统的目录节点树方式的数据存储，ZooKeeper 主要用来维护和监控存储的数据的状态变化，通过监控这些数据状态的变化，从而达到基于数据的集群管理。简单地说，ZooKeeper=文件系统+通知机制。ZooKeeper 的文件系统和 Linux 的文件系统很像，也是树形，每个目录路径都是唯一的。对于命名空间，也都是采用绝对路径操作。ZooKeeper 的文件系统结构如图 1-5 所示。

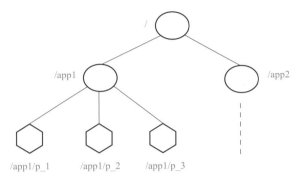

图 1-5 ZooKeeper 的文件系统结构

虽然 ZooKeeper 文件系统与 Linux 文件系统同为树形结构，但不同的是，Linux 文件系统有目录和文件的区别，而 ZooKeeper 把路径上的每个节点统一称为 znode，例如，图 1-5 中的 /app1 是一个 znode，/app1/p_1 也是一个 znode。一个 znode 节点可以包含子 znode，同时也可以包含数据。每个 znode 都有唯一的路径标识，既能存储数据，也能创建子 znode。

znode 有四种形式的目录节点，其特点分别如下：

1) PERSISTENT：这是持久化的 znode 节点，一旦创建这个 znode 节点，存储的数据不会主动消失，除非客户端主动删除。

2) PERSISTENT_SEQUENTIAL：持久顺序节点，这是自动增加顺序编号的持久化 znode 节点。这类节点的基本特性和 PERSISTENT 节点是一致的。额外的特性是，在 ZooKeeper 中，每个父节点都会为其第一级子节点维护一份时序，会记录每个子节点创建的先后顺序。基于这个特性，在创建子节点的时候可以设置这个属性，那么在创建节点的过程中，ZooKeeper 会自动为给定节点名加上一个数字后缀，作为新的节点名。这个数字后缀的最大值是整型的最大值。

比如，客户端 A 在 ZooKeeper 服务器上建立了一个 znode，名称为 /zk/test，指定了这种类型的节点后，zk 会创建 /zk/conf0000000000 子节点，客户端 B 再创建时就是创建 /zk/conf0000000001，客户端 C 连接后会创建 /zk/conf0000000002，以此类推，从而保证任意一个客户端创建 znode 后得到的 znode 都是递增的，而且是唯一的。

3) EPHEMERAL：这是临时 znode 节点，客户端连接到 ZooKeeper 服务器的时候会建立一个会话 session，用这个连接实例创建了临时的 znode 节点后，一旦客户端关闭了

ZooKeeper 的连接，服务器就会清除会话 session，同时这个连接建立的临时 znode 节点会从命名空间删除。也就是说，临时类型的 znode 节点的生命周期和客户端建立的连接的生命周期一样。EPHEMERAL 类型的节点不能有子节点。

4）EPHEMERAL_SEQUENTIAL：这是临时自动编号 znode 节点，znode 节点编号会自动增加，但是会随会话 session 的关闭而自动删除。

ZooKeeper 集群使用选举机制产生不同功能的角色，ZooKeeper 的角色主要分为三类，见表1-6。

表 1-6 ZooKeeper 的角色描述

角色		描述
领导者（Leader）		Leader 负责进行投票的发起和决议，更新系统状态
学习者（Learner）	跟随者（Follower）	Follower 用于接收客户请求并向客户端返回结果，在选举过程中参与投票
	观察者（Observer）	Observer 可以接收客户端连接，将写请求转发给 Leader 节点。但 Observer 不参加投票过程，只同步 Leader 的状态。Observer 节点的目的是扩展系统，提高读取速度
客户端（Client）		请求发起方

ZooKeeper 集群在所有的节点（主机）中选举出一个 Leader，然后让这个 Leader 来负责管理集群。此时，集群中的其他服务器则成了此 Leader 的 Follower。并且，当 Leader 出现故障的时候，ZooKeeper 要能够快速地在 Follower 中选举出下一个 Leader。这就是 ZooKeeper 的 Leader 机制。ZooKeeper 集群的角色状态通常如图 1-6 所示。

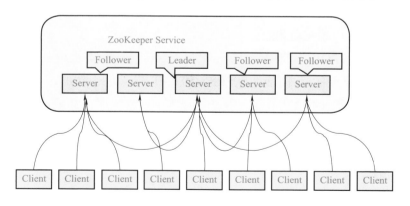

图 1-6 ZooKeeper 集群的角色状态

2．ZooKeeper 和 HBase 的关系

HBase 作为分布式协调服务框架，可以作为 Hadoop 集群和 HBase 集群的"协调者"，用来管理集群中主节点的选举。HBase 内置了 ZooKeeper，也可以使用外部单独部署的 ZooKeeper。ZooKeeper 在 HBase 集群中的主要功能可以概括如下：

项目 1
HBase 安装、部署与运行

1）保证任何时候，集群中只有一个活跃的 Master。

2）存储所有 Region 的寻址入口。可以定位到每个 Region 的存储节点。

3）实时监控 RegionServer 的状态，将 RegionServer 的上下线的信息汇报给 HMaster。每间隔一段时间，RegionServer 与 Master 都会向 ZooKeeper 发送心跳信息，RegionServer 不直接向 HMaster 发送信息是为了减少 Master 的压力，因为只有一个活跃的 Master，所有的 RegionServer 同时向其汇报信息会影响效率。

4）存储 HBase 的元数据（Schema），包括整个 HBase 集群中有哪些表、每个表的列族 (Column Family) 信息等。

任务实施

ZooKeeper 集群的安装步骤如下：

1）在 Apache 官网下载 zookeeper-3.4.13.tar.gz 安装包，复制到 node1 节点的 /usr/local 目录下，并解压 ZooKeeper 安装包，相关命令如下：

```
tar zxvf zookeeper-3.4.13.tat.gz
mv zookeeper-3.4.13 zk    // 换为短名
```

2）配置环境变量。

在 /etc/profile 文件中配置 ZooKeeper，添加以下两行内容：

```
export ZK_HOME=/usr/local/zk
export PATH=$ZK_HOME/bin:$PATH
```

3）创建并修改 HBase 的配置文件 zoo.cfg。

```
cp zoo_sample.cfg zoo.cfg
vim zoo.cfg
// 如下代码修改 dataDir 配置
  dataDir=/usr/local/zk/data
  // 新增如下三行代码，配置每个节点的主机名和端口号
  server.1=node1:2888:3888
  server.2=node2:2888:3888
  server.3=node3:2888:3888
```

4）在 zk 目录下创建文件夹 data，在 data 目录下创建文件 myid，值为 1。

5）把 zk 目录复制到另外两个节点 node2、node3 上，命令如下：

```
scp -r /usr/local/zk/ node2:/usr/local
scp /etc/profile node2:/etc/
scp -r /usr/local/zk/ node3:/usr/local
scp /etc/profile node3:/etc/
```

6）远程登录 node2 和 node3，把 node2 和 node3 节点上的 myid 分别改为 2 和 3。

7）启动和检验 ZooKeeper 集群。

① 在 node1、node2 和 node3 三个节点上分别执行命令 zkServer.sh start 来启动集群。例如，node1 节点的 ZooKeeper 启动如图 1-7 所示。

```
[root@node1 zk]# zkServer.sh start
ZooKeeper JMX enabled by default
Using config: /usr/local/zk/bin/../conf/zoo.cfg
Starting zookeeper ... STARTED
```

图 1-7　node1 节点的 ZooKeeper 启动

②三个节点全部执行启动命令后，在三个节点上分别执行命令 zkServer.sh status 来查看集群状态。node1 节点的 ZooKeeper 状态如图 1-8 所示。

```
[root@node1 ~]# zkServer.sh status
ZooKeeper JMX enabled by default
Using config: /usr/local/zk/bin/../conf/zoo.cfg
Mode: follower
```

图 1-8　node1 节点的 ZooKeeper 状态

③node2 节点的 ZooKeeper 状态如图 1-9 所示。

```
[root@node2 ~]# zkServer.sh status
ZooKeeper JMX enabled by default
Using config: /usr/local/zk/bin/../conf/zoo.cfg
Mode: leader
```

图 1-9　node2 节点的 ZooKeeper 状态

④node3 节点的 ZooKeeper 状态如图 1-10 所示。

```
[root@node3 ~]# zkServer.sh status
ZooKeeper JMX enabled by default
Using config: /usr/local/zk/bin/../conf/zoo.cfg
Mode: follower
```

图 1-10　node3 节点的 ZooKeeper 状态

注意事项：通过三个节点的 ZooKeeper 状态可以看出，node1 节点和 node3 节点为 Follower 角色，node2 节点为 Leader 角色。

⑤关闭 ZooKeeper，需要在每个节点上运行 zkServer.sh stop 命令。node1 节点关闭 ZooKeeper，如图 1-11 所示。

```
[root@node1 ~]# zkServer.sh stop
ZooKeeper JMX enabled by default
Using config: /usr/local/zk/bin/../conf/zoo.cfg
Stopping zookeeper ... STOPPED
```

图 1-11　node1 节点关闭 ZooKeeper

任务 4　部署 HBase 完全分布式模式

扫码观看视频

任务描述

在企业真实的生产场景下，通常会使用多个节点的 HBase 分布式集群进行数据的存储和管理。本任务要求在任务 3 中部署好 ZooKeeper 集群的 node1、node2 和 node3 节点的基础上，完成三个节点的 HBase 集群的设计和规划，并根据规划完成 HBase 分布式集群的安装、部署和启动访问。

任务分析

在前面已完成的独立 ZooKeeper 集群部署的基础上，本任务要求完成 HBase 集群的规划、安装及部署，为后续的项目提供操作环境。部署完成后，在主节点上运行 start-hbase.sh 命令来启动 HBase 集群，通过 jps 命令查看主节点和从节点启动的进程服务，通过 Web 浏览器监控 HBase 的运行状态。

在安装及部署 HBase 之前首先进行集群规划，此任务以三个节点的 HBase 集群为例演示 HBase 集群部署过程，集群的规划见表 1-7。

表 1-7 HBase 集群规划

主机名	节点环境	用途
node1	CentOS 7、JDK1.8、hadoop-2.7.3、ZooKeeper-3.4.6	主节点
node2	CentOS 7、JDK1.8、hadoop-2.7.3、ZooKeeper-3.4.6	从节点1
node3	CentOS 7、JDK1.8、hadoop-2.7.3、ZooKeeper-3.4.6	从节点2

综合考虑与 JDK 及 Hadoop 版本的兼容性，以及自身版本的稳定性，选择 hbase-1.4.0 进行集群部署。需要注意的是，node1、node2 和 node3 节点在安装及部署 HBase 集群之前，都需要提前部署好 Hadoop、ZooKeeper 集群。

知识准备

HBase 的完全分布式集群环境架构和 Hadoop 相似，都是主从（Master/Slave）架构。在某一时间点上，只有一个运行的主节点，可以有多个从节点。HBase 集群架构如图 1-12 所示。

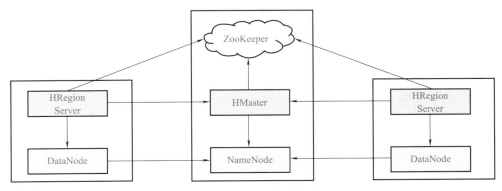

图 1-12 HBase 集群架构

在安装及部署 HBase 集群的过程中，在 hbase-site.xml 中根据需要可进行一些参数配置，HBase 的常见配置项见表 1-8。

表1-8 HBase 的常见配置项

名称	含义
hbase.rootdir	文件系统路径
hbase.cluster.distributed	是否是集群模式，默认为 false
hbase.zookeeper.quorum	ZooKeeper 服务器地址，多个地址之间用逗号分隔
hbase.master.port	HBase Master 绑定的端口，默认为 16000
hbase.master.info.port	HBase Master Web UI 的端口，-1 为不运行 UI 实例，默认为 16010
hbase.master.info.bindAddress	HBase Master Web UI 的绑定地址，默认为 0.0.0.0
hbase.regionserver.port	HBase RegionServer 绑定的端口，默认为 16020
hbase.regionserver.info.port	HBase RegionServer Web UI 的端口，-1 表示 RegionServer UI 不运行，默认为 16030
hbase.regionserver.info.bindAddress	HBase RegionServer Web UI 的地址，默认为 0.0.0.0
zookeeper.session.timeout	ZooKeeper 会话超时（毫秒），默认为 90000
zookeeper.znode.parent	ZooKeeper 中 HBase 的 Root znode，默认为 /hbase

在配置及安装完 HBase 集群之后，可以执行 start-all.sh 命令启动 HBase 集群。虽然只需要在终端执行这一条命令就可以实现整个 HBase 集群的启动，但是底层具体的启动流程是比较复杂的。执行 start-hbase.sh 命令后，首先调用 hbase-daemons.sh 逐步启动 ZooKeeper、Master、RegionServer、master-backup 相关进程。启动每个进程时都会调用各进程相关的脚本(例如，RegionServer 会调用 regionservers.sh) 来进行环境的配置，并通过 ssh 远程登录到其他从节点的机器上，执行 hbase-daemon.sh 来启动从节点上的进程。具体启动过程如图 1-13 所示。

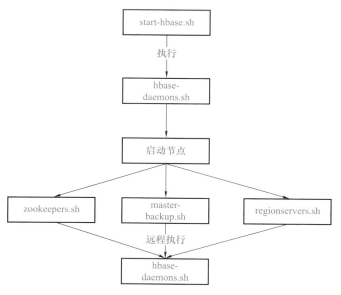

图 1-13 HBase 启动过程

要关闭 HBase 集群，直接在主节点上运行 stop-hbase.sh 命令即可。调用 hbase-daemon.sh，依次关闭主节点上的进程，并远程登录从节点，关闭从节点上的相关进程。

hbase-daemon.sh 脚本的职责就是启动各个进程，在启动过程中会先做进程判断、日志滚动等准备，最后执行启动命令，逐步地启动各个节点上的进程。在启动过程中，会在屏幕中打印启动信息。可以使用 hbase-daemon.sh 命令来单独启动某一个进程，相关命令见表 1-9。

表 1-9 单独启动 HBase 相关进程的命令

命令	含义
hbase-daemon.sh start master	单独启动一个 HMaster 进程
hbase-daemon.sh stop master	单独停止一个 HMaster 进程
hbase-daemon.sh start regionserver	单独启动一个 HRegionServer 进程
hbase-daemon.sh stop regionserver	单独停止一个 HRegionServer 进程

任务实施

1. HBase 集群部署

HBase 分布式集群的具体部署过程如下：

1）在 Apache 官网下载 HBase 安装包，将安装包复制到 Linux 系统的 /usr/local 目录下，进行解压安装，相关操作命令如下：

```
cd /usr/local
tar zxvf hbase-1.4.0-bin.tar.gz
mv hbase-1.4.0-bin hbase    // 换为短名，方便环境变量配置
```

2）配置环境变量，在 /etc/profile 文件中配置 HBase 路径：

```
export HBASE_HOME=/usr/local/hbase
export PATH=$HBASE_HOME/bin:$PATH
```

3）修改 HBase 目录下 conf 目录中的 hbase-env.sh 配置文件，在文件中添加 JDK 环境变量配置，配置不使用自带的 ZooKeeper：

```
export JAVA_HOME=/usr/local/jdk1.8    # 配置 JDK 安装路径
export HBase_MANAGES_ZK=false# 配置不使用 HBase 自带的 ZooKeeper
```

4）修改 HBase 目录下 conf 目录中的 hbase-site.sh 配置文件：

```
<!--指定 HBase 在 HDFS 上的存储路径 -->
<property>
<name>hbase.rootdir</name>
<value>hdfs://node1:9000/hbase</value>
</property>
<!--指定 ZooKeeper 的地址，多个地址之间用逗号分隔 -->
<property>
<name>hbase.zookeeper.quorum</name>
<value>node1,node2,node3</value>
</property>
<!--指定 HBase 采用分布式模式 -->
<property>
<name>hbase.cluster.distributed</name>
<value>true</value>
</property>
```

5）修改 HBase 目录下 conf 目录中的 regionservers 文件，在文件中配置从节点 RegionServer 的地址为 node2 和 node3 节点：

node2
node3

6）将配置好的 HBase 目录复制到其他两个节点，在终端上执行以下两条命令即可：

scp –r /usr/local/hbase node2:/usr/local
scp –r /usr/local/hbase node3:/usr/local

通过以上步骤的安装配置，HBase 集群已经部署好。

下面将进行集群的启动和关闭等操作演示。

2．HBase 集群运行

HBase 集群采用的是主从模式。启动集群时，只需要在主节点上执行启动命令 start-hbase.sh 即可启动 HBase 集群。需要注意的是，HBase 集群依赖于 Hadoop 和 ZooKeeper，所以在启动集群之前需要保证 Hadoop 和 ZooKeeper 已经启动。

HBase 启动命令执行完毕后，使用 jps 命令检查各节点运行的的进程：主节点应该启动 HMaster 进程，各从节点应启动 HRegionServer 进程。主节点和从节点上启动的进程如图 1-14 ～图 1-16 所示。

```
[root@node1 conf]# jps
6368 QuorumPeerMain
6183 SecondaryNameNode
6699 HMaster
6892 Jps
3789 GetConf
5982 NameNode
```

图 1-14 主节点启动的 HMaster 进程

```
[root@node2 ~]# jps
11604 QuorumPeerMain
11419 DataNode
12029 Jps
11806 HRegionServer
```

图 1-15 node2 节点启动的 HRegionServer 进程

```
[root@node3 ~]# jps
10208 QuorumPeerMain
10017 DataNode
10508 HRegionServer
10732 Jps
```

图 1-16 node3 节点启动的 HRegionServer 进程

3．使用 Web UI 监控 HBase 的状态

通过前面的 HBase 配置选项可以看出，HBase 为主节点和从节点都提供了默认的 Web 浏览器访问的 HTTP 端口号。HMaster 的 HTTP 端口号为 16010，HRegionServer 的端口号为 16030。HBase 1.0 之前版本的主从节点使用的 HTTP 端口号分别是 60010 和 60030，需要注意区分。

如果所有设置都正确，就能够通过浏览器连接到主节点来查看 HMaster 的状态，访问方式为 http:// 主节点主机名 (或 IP):16010，如图 1-17 所示。

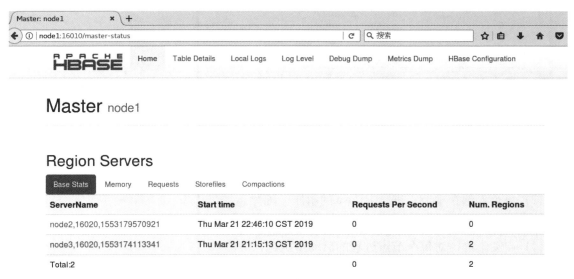

图 1-17　通过 Web 端口查看 HBase 的主节点状态

还可以通过 HDFS 的 Web UI 端口号 50070 来查看 HBase 在 HDFS 下的存储结构。如图 1-18 所示，HBase 在 HDFS 下存储的 znode 根目录为 /hbase。

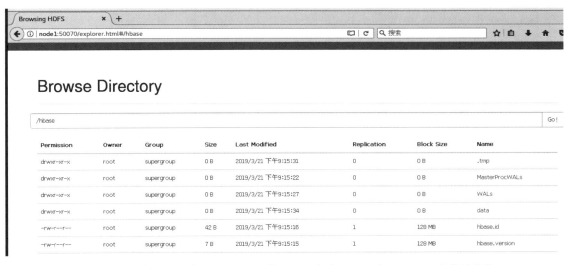

图 1-18　通过 HDFS 的 Web UI 端口号 50070 查看 HBase 在 HDFS 下的存储结构

项目小结

本项目的主要任务是完成 HBase 的安装及部署，读者应掌握其运行和操作方式。通过本项目，读者应该了解 HBase 安装的前提条件，掌握 HBase 不同安装方式的区别、HBase

伪分布式和完全分布式集群安装的过程、HBase 启动和关闭等的操作命令,能够通过 Web UI 查看 HBase 的运行状态,为后面更加深入地应用 HBase 打下基础。

项 目 拓 展

1. 在个人计算机上完成 HBase 伪分布式模式的安装,并写出详细的安装步骤。

2. 3～5 人为一组,每人负责一个节点,按照以下步骤完成 ZooKeeper 和 HBase 完全分布式集群的部署。

1) 每个小组都进行集群规划,画出规划表,表中内容包括每个节点的主机名、IP 地址、机器环境。

2) 每个人都在本节点进行 HBase 的解压、配置。

3) 完成集群配置。

4) 启动集群,对每个节点进程的启动情况进行截图。

5) 通过 Web 浏览器查看 HBase 运行情况。

将以上各个步骤的操作记录成文档并提交。

Project 2

项目2
应用HBase shell命令实现微博数据存储操作

项目概述

本项目主要讲解 HBase shell 命令的使用。要求综合应用 HBase 的 shell 命令完成微博数据存储命名空间的创建和管理、微博数据 HBase 存储表的设计，并应用 HBase 的 DDL 命令完成微博数据表的创建，应用 HBase 的 DML 命令完成微博数据的添加、查看、删除等操作，应用快照管理命令完成微博数据表的快照创建和管理。

学习目标：

- 掌握 HBase 的 shell 帮助命令。
- 掌握 HBase 命名空间管理方法。
- 掌握 HBase 的 DDL 命令的使用方法。
- 掌握 HBase 的 DML 命令的使用方法。

项目2 应用HBase shell命令实现微博数据存储操作

任务1 存储微博数据的操作接口

任务描述

微博数据具有数据基数巨大、数据类型多样、数据更新快等特点。应用 HBase 进行微博数据的存储，可以借助分布式集群的力量解决海量数据的高效存储和管理的问题。本任务主要介绍 HBase 进行微博数据存储的操作接口，以及操作接口的选型和基本使用操作。

任务分析

应用 HBase 进行微博数据的存储和操作之前，需要知道 HBase 为用户提供了哪些操作接口。选择合适的操作接口进行 HBase 的访问，才能进行数据存储操作。项目1中讲到 HBase 常用的访问接口有五类，HBase shell 是其中常见且简单易用的一种访问接口。HBase 为用户提供了非常方便的 shell 命令。用户需要提前认识并了解都有哪些类别的命令，不同类别的命令都有哪些功能，如何使用帮助来查询命令，从而为后续使用 HBase shell 命令存储和管理微博数据打下基础。

知识准备

HBase 的 shell 命令功能丰富。通过这些命令，用户可以很方便地对表、列族、列进行操作以实现数据库的各种管理功能。HBase 提供的 shell 命令主要包含以下几类，具体见表 2-1。

表 2-1 HBase 相关 shell 命令

操作类型	命令
普通（general）	status、version、whoami
数据定义语言（DDL）	alter、alter_async、alter_status、create、describe、disable、disable_all、drop、drop_all、enable、enable_all、exists、is_disabled、is_enabled、list、show_filters
数据操纵语言（DML）	count、delete、deleteall、get、get_counter、incr、put、scan、truncate、truncate_preserve
命名空间管理（namespace）	alter_namespace、create_namespace、describe_namespace、drop_namespace、list_namespace、list_namespace_tables
工具（tools）	assign、balance_switch、balancer、close_region、compact、flush、hlog_roll、major_compact、move、split、unassign、zk_dump
副本管理（replication）	add_peer、disable_peer、enable_peer、list_peers、list_replicated_tables、remove_peer、start_replication、stop_replication
快照管理（snapshot）	clone_snapshot、delete_snapshot、list_snapshots、restore_snapshot、snapshot
权限管理（security）	grant、revoke、user_perssion

表 2-1 中的普通（general）类的命令，主要用于查询 HBase 的版本和状态等；数据定义语言（DDL）类相关命令主要用于创建、查看、启用、禁用、删除表等数据库对象；数

据操纵语言（DML）类相关命令主要用于实现表中数据的操作；工具（tools）类的命令主要用于实现手动进行数据的刷新、压缩、拆分等操作；副本管理（replication）类的命令可以实现副本的查看、删除、启动、停止等操作；快照管理（snapshot）类的命令可用于实现快照的查看、创建、删除等操作；权限管理（security）类的命令用于实现操作权限的授予、回收等操作。

任务实施

在项目 1 中已经安装好了 Hadoop 和 HBase，之后通过 start-dfs.sh 命令启动 HDFS 进程，接着通过 start-hbase.sh 命令启动 HBase 相关进程。启动好以上环境后，才能实施本次任务。

1）在终端输入"hbase shell"命令，进入 HBase 的 shell 交互环境，如图 2-1 所示。

```
[root@node1 conf]# hbase shell
SLF4J: Class path contains multiple SLF4J bindings.
SLF4J: Found binding in [jar:file:/usr/local/hbase1.4/lib/slf4j-log4j12-1.7.10.j
ar!/org/slf4j/impl/StaticLoggerBinder.class]
SLF4J: Found binding in [jar:file:/usr/local/hadoop/share/hadoop/common/lib/slf4
j-log4j12-1.7.10.jar!/org/slf4j/impl/StaticLoggerBinder.class]
SLF4J: See http://www.slf4j.org/codes.html#multiple_bindings for an explanation.
SLF4J: Actual binding is of type [org.slf4j.impl.Log4jLoggerFactory]
HBase Shell
Use "help" to get list of supported commands.
Use "exit" to quit this interactive shell.
Version 1.4.0, r10b9b9fae6b557157644fb9a0dc641bb8cb26e39, Fri Dec  8 16:09:13 PS
T 2017

hbase(main):001:0>
```

图 2-1　进入 HBase 的 shell 交互环境

2）在 HBase 的 shell 交互环境下运行 version 命令来查看 HBase 版本信息，结果如图 2-2 所示。

```
hbase(main):001:0> version
1.4.0, r10b9b9fae6b557157644fb9a0dc641bb8cb26e39, Fri Dec  8 16:09:13 PST 2017
```

图 2-2　HBase 的版本信息

3）在 HBase 的 shell 交互环境下运行 status 命令来查看 HBase 状态信息，结果如图 2-3 所示。

```
hbase(main):002:0> status
1 active master, 0 backup masters, 1 servers, 0 dead, 2.0000 average load

hbase(main):003:0>
```

图 2-3　HBase 的状态信息

4）在 HBase 的 shell 交互环境下运行 whoami 命令来查看进入 HBase shell 的当前系统用户，结果如图 2-4 所示。

```
hbase(main):003:0> whoami
root (auth:SIMPLE)
    groups: root

hbase(main):004:0>
```

图 2-4　进入 HBase shell 的当前系统用户

5）在 HBase 的 shell 交互环境下运行 help 命令来查看 HBase 的 shell 命令，结果如图 2-5 所示。

```
hbase(main):004:0> help
HBase Shell, version 1.4.0, r10b9b9fae6b557157644fb9a0dc641bb8cb26e39, Fri Dec  8 16:09:13 PST 2017
Type 'help "COMMAND"', (e.g. 'help "get"' -- the quotes are necessary) for help on a specific command.
Commands are grouped. Type 'help "COMMAND_GROUP"', (e.g. 'help "general"') for help on a command group.

COMMAND GROUPS:
  Group name: general
  Commands: processlist, status, table_help, version, whoami

  Group name: ddl
  Commands: alter, alter_async, alter_status, create, describe, disable, disable_all, drop, drop_all, enable, enable_all, exists, get_table,
  is_disabled, is_enabled, list, list_regions, locate_region, show_filters

  Group name: namespace
  Commands: alter_namespace, create_namespace, describe_namespace, drop_namespace, list_namespace, list_namespace_tables

  Group name: dml
  Commands: append, count, delete, deleteall, get, get_counter, get_splits, incr, put, scan, truncate, truncate_preserve

  Group name: tools
  Commands: assign, balance_switch, balancer, balancer_enabled, catalogjanitor_enabled, catalogjanitor_run, catalogjanitor_switch, cleaner_c
hore_enabled, cleaner_chore_run, cleaner_chore_switch, clear_deadservers, close_region, compact, compact_rs, compaction_state, flush, list_d
eadservers, major_compact, merge_region, move, normalize, normalizer_enabled, normalizer_switch, split, splitormerge_enabled, splitormerge_s
witch, trace, unassign, wal_roll, zk_dump

  Group name: replication
  Commands: add_peer, append_peer_tableCFs, disable_peer, disable_table_replication, enable_peer, enable_table_replication, get_peer_config,
list_peer_configs, list_peers, list_replicated_tables, remove_peer, remove_peer_tableCFs, set_peer_bandwidth, set_peer_tableCFs, show_peer
```

图 2-5　HBase 的 shell 命令

通过图 2-5 可以看出，help 帮助命令会将 HBase 提供的所有命令分类展示，本任务表 2-1 中各类命令的分类整理就与 help 命令的结果类似。除了可以分类查看命令外，还可以通过命令名具体查询某个命令的用法。

6）通过运行 help get 命令，可以查看 get 命令的用法，结果如图 2-6 所示。

```
hbase(main):006:0> help get
ERROR: wrong number of arguments (0 for 2)

Here is some help for this command:
Get row or cell contents; pass table name, row, and optionally
a dictionary of column(s), timestamp, timerange and versions. Examples:

  hbase> get 'ns1:t1', 'r1'
  hbase> get 't1', 'r1'
  hbase> get 't1', 'r1', {TIMERANGE => [ts1, ts2]}
  hbase> get 't1', 'r1', {COLUMN => 'c1'}
  hbase> get 't1', 'r1', {COLUMN => ['c1', 'c2', 'c3']}
  hbase> get 't1', 'r1', {COLUMN => 'c1', TIMESTAMP => ts1}
  hbase> get 't1', 'r1', {COLUMN => 'c1', TIMERANGE => [ts1, ts2], VERSIONS => 4}
  hbase> get 't1', 'r1', {COLUMN => 'c1', TIMESTAMP => ts1, VERSIONS => 4}
  hbase> get 't1', 'r1', {FILTER => "ValueFilter(=, 'binary:abc')"}
  hbase> get 't1', 'r1', 'c1'
  hbase> get 't1', 'r1', 'c1', 'c2'
  hbase> get 't1', 'r1', ['c1', 'c2']
  hbase> get 't1', 'r1', {COLUMN => 'c1', ATTRIBUTES => {'mykey'=>'myvalue'}}
  hbase> get 't1', 'r1', {COLUMN => 'c1', AUTHORIZATIONS => ['PRIVATE','SECRET']}
}
```

图 2-6　查询 get 命令的用法

任务 2　创建微博数据存储命名空间

任务描述

命名空间（namespace）有助于 HBase 实现表的逻辑分组管理，方便对表在业务上进行划分。HBase 中的每个表都属于某个命名空间下。本任务主要讲解命名空间的创建、管理等操作命令的使用，要求用户运用 HBase 命名空间相关的操作命令，完成微博数据存储命名空间的创建、查询、修改，以及列出命名空间下的表、删除命名空间等操作。

任务分析

本任务主要使用 create_namespace 命令完成微博数据存储命名空间的创建，使用 alter_namespce 命令实现命名空间属性的修改，使用 describe_namespace 命令查看命名空间的描述信息，使用 list_namespace_tables 命令查看命名空间下的所有表，使用 drop_namespace 命令删除弃用的命名空间信息。创建并管理好命名空间，为后续实现命名空间下创建表来存储微博数据等操作打下基础。

知识准备

在关系型数据库系统中，命名空间指的是一个表的逻辑分组，同一组中的表有类似的用途。在 HBase 中，命名空间也是指对一组表的逻辑分组，类似 RDBMS 中的 database，方便对表在业务上的划分。Apache HBase 从 0.98.0、0.95.2 两个版本开始支持命名空间级别的授权操作，HBase 全局管理员可以创建、修改和回收命名空间的授权。

HBase 系统默认定义了两个命名空间：hbase 和 default。hbase 是系统命名空间，用于存放系统内建表，包括 namespace 和 meta 表。对于 default 命名空间，用户建表时未指定 namespace 的表会自动进入该命名空间。

命名空间可以被创建、移除、修改。表和命名空间的隶属关系在创建表时决定，建表时可以通过以下格式指定所属的命名空间：<namespace>:<table>。

命名空间相关的命令和作用见表 2-2。

表 2-2 命名空间（namespace）相关的命令和作用

命令名称	作用	语法
create_namespace	创建命名空间	create_namespace 'ns1' {' 属性名 => 属性值 '}
alter_namespace	添加或删除命名空间属性	添加：alter_namespace 'ns1', {METHOD => 'set', 'PROPERTY_NAME'=>'PROPERTY_VALUE'} 删除：alter_namespace 'ns1', {METHOD => 'unset', NAME=>'PROPERTY_NAME'}
describe_namespace	描述命名空间信息	describe_namespace ' 命名空间名 '
list_namespace	列出所有命名空间	list_namespace
list_namespace_tables	列出命名空间下的表	list_namespace_tables ' 命名空间名 '
drop_namespace	删除空的命名空间	drop_namespace ' 命名空间名 '

项目2 应用HBase shell命令实现微博数据存储操作

任务实施

1）进入 HBase 的 shell 命令交互模式，运行 list_namespace 命令，查看 HBase 已有的命名空间，结果如图 2-7 所示。

```
hbase(main):007:0> list_namespace
NAMESPACE
default
hbase
2 row(s) in 0.7240 seconds
```

图 2-7　查看 HBase 已有的命名空间

通过图 2-7 可以看出，HBase 默认包含 default 和 hbase 两个命名空间。

2）在 HBase 的 shell 命令交互模式下，运行 list_namespace_tables 命令来查看某个命名空间下具体都有哪些表。例如，查询 hbase 命名空间下都有哪些表，结果如图 2-8 所示。

```
hbase(main):008:0> list_namespace_tables 'hbase'
TABLE
meta
namespace
2 row(s) in 0.1470 seconds
```

图 2-8　查看 hbase 命名空间下的表

通过图 2-8 可以看出，hbase 命名空间包含了 meta 和 namespace 的两个表。

3）进入 HBase 的 shell 命令交互模式，运行 describe_namespace 命令，查看某个命名空间的描述信息。例如，查看 default 命名空间的描述信息，结果如图 2-9 所示。

```
hbase(main):009:0> describe_namespace 'default'
DESCRIPTION
{NAME => 'default'}
1 row(s) in 0.3650 seconds
```

图 2-9　查看 default 命名空间的描述信息

4）运行 create_namespace 命令新建命名空间，例如新建命名空间 my_ns，并查看所有命名空间的运行结果，如图 2-10 所示。

```
hbase(main):010:0> create_namespace 'my_ns'
0 row(s) in 1.6260 seconds

hbase(main):011:0> list_namespace
NAMESPACE
default
hbase
my_ns
3 row(s) in 0.0790 seconds
```

图 2-10　新建 my_ns 命名空间并查看运行结果

5）新建命名空间 my_ns2，并通过设置 hbase.namespace.quota.maxtables 属性值来指定该命名空间下包含的表的个数。具体命令及运行结果如图 2-11 所示。

6）在 HBase 的 shell 命令交互模式下，运行 alter_namespace 命令可以添加或删除命名空间的属性。如果在创建命名空间时没有限制 Region 的最大个数，则可以在创建之后通过 alter_namespace 命令来修改 Region 个数的上限值。修改 my_ns2 命名空间的最大 Region 个数为 20，运行结果如图 2-12 所示。

```
hbase(main):003:0> create_namespace 'my_ns2',{'hbase.namespace.quota.maxtables' =>'5'}
0 row(s) in 1.5850 seconds

hbase(main):004:0> describe_namespace 'my_ns2'
DESCRIPTION
{NAME => 'my_ns2', hbase.namespace.quota.maxtables => '5'}
1 row(s) in 0.1140 seconds
```

图 2-11　新建 my_ns2 命名空间并查看属性运行结果

```
hbase(main):005:0> alter_namespace 'my_ns2', {METHOD => 'set', 'hbase.namespace.quota.maxregions'=>'20'}
0 row(s) in 0.8130 seconds
```

图 2-12　添加命名空间属性

7）通过 alter_namespace 命令删除 my_ns2 命名空间表的最大个数的限制，命令及结果如图 2-13 所示。

```
hbase(main):008:0> alter_namespace 'my_ns2', {METHOD => 'unset',NAME=> 'hbase.namespace.quota.maxtables'}
0 row(s) in 0.6940 seconds
```

图 2-13　删除命名空间属性

8）运行 drop_namespace 命令可以删除空的命名空间，例如删除 my_ns2 命名空间的命令及结果如图 2-14 所示。

```
hbase(main):001:0> drop_namespace 'my_ns2'
0 row(s) in 2.4380 seconds
```

图 2-14　删除命名空间

任务3　设计与创建微博数据表

扫码观看视频

任务描述

随着网络技术的快速发展，互联网用户激增，同时产生了海量的互联网数据。微博是非常受人们欢迎的社交平台之一，微博的使用人群数量基数大，状态信息更新频繁，信息传播迅速，可以使用 HBase 分布式数据库实现微博信息的存储。本任务主要完成微博数据存储的 HBase 表的设计，应用数据定义语言（DDL）完成微博相关的数据表创建，完成表结构的修改和优化，以及完成查看微博相关数据表结构、启用表、禁用表、删除表等操作。

任务分析

本任务要求综合应用 HBase 表的结构特性，进行微博用户信息表和微博内容存储表的行键、列族和列的设计，并使用 create 命令创建表，使用 describe 命令查看表的结构，使用 alter 命令修改表的结构，使用 enable、disable 等命令启用或禁用表，使用 drop 命令删除无用的表等。

微博的用户和每天产生的微博内容数量巨大，可以基于 HBase 表进行数据的存储。通过分析，这里设计出两个 HBase 表，分别用于存放微博的用户信息（users 表）和微博的内容信息（contents 表）。

用户信息表（users 表）的结构见表 2-3。

表 2-3 微博用户信息表（users 表）

行键	列族	列
user_id（用户编号）	basic_info	name（姓名） province（省份） city（城市） gender（性别） followers_count（粉丝数量） favorite_count（关注数量）
	status_id	contentid（微博内容 id）

微博内容信息表（contents 表）的结构见表 2-4。

表 2-4 微博内容信息表（contents 表）

行键	列族	列
id（微博编号）	basic_msg （基本信息）	create_at（创建时间） source（内容） favorited（点赞数） comments_count（评论数） repost_count（转发数量）

知识准备

HBase 和关系型数据库差别很大。HBase 来源于 Google 的 BigTable，就像 BigTable 描述的那样，这是一个稀疏的、分布式的、持久化的、多维的、排序的映射数组，是一个面向列的数据库。HBase 表存储的数据量大，一个表可以有上亿行、上百万列；面向列（族）的存储和权限控制，列（族）独立检索；适合存放稀疏数据：对于为空（null）的列，并不占用存储空间。因此，HBase 表可以设计得非常稀疏。

HBase 表相关的概念主要有：

1) 行键（Row Key）：在表中，数据依赖于行来存储，行通过行键来区分。行键没有数据类型，通常是一个字节数组。

2) 列族（Column Family）：行中的数据通过列族来组织。列族也暗示了数据的物理排列。所以列族必须预先定义，并且不容易被修改。每行都拥有相同的列族，可能有些行的数据为空。列族是字符串和字符的组合，可以在文件系统路径中使用。为了提高 HBase 数据存储和访问的性能，一般一个表中列族数量建议为 1～3 个，最多不超过 3 个列族。

3) 列（Column）：数据在列族中的位置是通过列标识来指定的。列标识不需要预先指定，每行的列标识也不需要相同。就像行键一样，列标识没有数据类型，通常也是字节数组。

4) 单元（Cell）：单元是行键、列族、列标识的组合。这些数据存储在单元中，被称作单元数据。数据也不需要数据类型，通常也是字节数组。

5) 时间戳（Timestamp）：单元数据是有版本的。版本的区分就是它们的版本号，版本号默认就是时间戳。当写入数据时，如果没有指定时间，那么默认的时间就是系统的当前时间。读取数据的时候，如果没有指定时间，那么返回的就是最新的数据。保留版本的数量可根据每个列族进行配置。默认的版本数量是 3。

因此，设计 HBase 数据表的方法和思路跟关系型数据库不一样。设计 HBase 表时应该在具体业务场景的上下文中着重思考以下问题：Row Key 的结构应该是什么样的，它应该包含哪些信息；表（Table）应该有多少个列族合适；各个列族该存储什么数据；每个列族有多少列；列名叫什么合适；尽管列名不需要在表创建中定义，但在编写或读取数据时需要使用。每个单元应该存储多少个版本的数据等。

设计 HBase 数据表最重要的是定义行键（Row Key）结构。为了有效定义 Row Key 结构，有必要预先定义数据访问模式（读取和写入）。为了定义好模式，需要理解以下 HBase 的特性：

1) 只有行键（Row Key）上有索引。

2) 表基于行键（Row Key）进行排序存储。表中的每个区域负责存储一部分 Row Key 范围，由开始行和结束行的 Row Key 标识。该区域包含从开始键到结束键的行排序列表。

3) HBase 表中的所有内容都存储为二进制字节，没有类型。

4) "原子"性操作只在一行（Row）上得到保证。没有跨行"原子"性保证，这意味着没有多行事务。

5) 列族必须在创建表之前定义。

6) 列标识是动态的，可以在写入时定义。它们以字节的形式被储存，甚至可以将数据放入其中。

在 HBase 中，表的设计分为高表（Tall-Narrow Table）和宽表（Flat-Wide Table）两种形式。高表指的是列少行多的表，也就是说表中的每一行尽可能保持唯一。宽表正好相反（列多行少），通过时间戳版本来进行区分取值。

例如，HBase 表用于存放某网站的用户发帖数量，在设计时可以使用宽表的形式，其行键和列族的设计见表 2-5。

从表 2-5 可以看出，采用用户编号（userid）、时间和帖子 id（bbsid）三项内容的连接作为表的行键，设计了一个列族来存放用户编号、发帖内容、发帖时间等内容。列可以根据需求随时在列族下添加。

例如某网站的性能指标需要监控，监控数据可以采用宽表的形式设计，见表 2-6。

表 2-5 用户发帖统计表的宽表设计

行键（userid+ 时间 +bbsid）	列族		
	userid	content	time
1001-201506181121-56	1001	Hello	201506181121
1001-201506181123-58	1001	Hello	201506181123
1001-201506181125-59	1001	Hello	201506181125
1002-201506181125-59	1002	Hello22	201506181125
1003-201506181125-59	1003	Hello	201506181125

表 2-6 网站性能指标的宽表设计

行键（id-type- 时间）	列族（f）				
	01	02	03	…	80
1001-091-20150618	56	68	15	…	25
1002-082-20150618	47	87	67	…	50
1003-073-20150618	36	13	88	…	68

从表 2-6 可以看出，在宽表中将监控编号、类型和时间三项内容连接起来作为行键，有一个列族（f），每个性能监控指标的各项数据作为列族（f）下的列进行存储。

根据需要可以将表 2-6 改为高表，将每个监控指标的某项数据作为一行来存储，高表设计见表 2-7。

表 2-7 网站性能指标的高表设计

行键（id-type- 时间 - 子项）	列族（f）
	01
1001-091-20150618-01	56
1001-091-20150618-02	68
1001-091-20150618-03	15
…	…
1002-082-20150618-01	47
1002-082-20150618-02	87

通过表 2-7 可以看出，使用高表存储数据时列数明显减少，行数会增加很多。在设计表时需要设计成高表还是宽表，取决于实际业务。在 HBase 中使用宽表、高表的优缺点可以总结如下：

1）查询性能方面：高表更好，因为查询条件都在行键中，是全局分布式索引的一部分。高表一行中的数据较少。所以查询缓存 BlockCache 能缓存更多的行，以行数为单位的吞吐量会更高。

2）分片能力：高表分片粒度更细，各个分片的大小更均衡。因为高表一行的数据较少，宽表一行的数据较多。HBase 按行来分片。

3）元数据开销：高表元数据开销更大。高表行多，行键多，可能造成 Region 的数量也多，-root- 表、.meta. 表的数据量更大。过大的元数据开销，可能引起 HBase 集群的不稳定，以及带给 Master 更大的负担。

4）事务能力：宽表事务性更好。HBase 对一行的写入（Put）是有事务原子性的，一行的所有列要么全部写入成功，要么全部没有写入，但是多行的更新之间没有事务性保证。

5）数据压缩比：如果对一行内的数据进行压缩，那么宽表能获得更高的压缩比。因为宽表中，一行的数据量较大，往往存在更多相似的二进制字节，有利于提高压缩比。通过压缩，缓解了宽表中一行数据量太大及导致分片大小不均匀的问题。查询时，根据行键找到压缩后的数据，进行解压缩。而且解压缩可以通过协处理器（Coprocessor）在 HBase 服务器上进行，而不是在业务应用的服务器上进行，以充分应用 HBase 集群的 CPU 能力。

在设计表时，可以不绝对追求高表、宽表，而是在两者之间做好平衡。根据查询模式，需要分布式索引、分片、有很高选择度（即据此查询条件能迅速锁定很小范围的一些行）的查询用的字段，应该放入行键；能够均匀地划分数据字节数的字段，也应该放入行键作为分片的依据；选择度较低并且不需要作为分片依据的查询用的字段放入列族和列，不放入行键。

设计好表之后，可以使用 HBase 提供的 DDL 命令进行表级的操作。主要的 DDL 命令及作用见表 2-8。

表 2-8　主要的 DDL 命令及作用

命令名称	作用	语法
create	创建表	create ' 表名 ',' 列族名 1',' 列族名 2', …
describe（desc）	查看表结构	describe ' 表名 '
list	列出所有表	list 或 list ' 表名（正则匹配）'
alter	修改表的结构	alter ' 表名 ',' 属性 =>xx'
exists	判断表是否存在	exists ' 表名 '
enable	启用某个表	enable ' 表名 '
enable_all	批量启用表	enable_all ' 表名（或正则匹配）'
disable	禁用某个表	disable ' 表名 '
disable_all	批量禁用表	disable_all ' 表名（或正则匹配）'
drop	删除表	drop ' 表名 '
is_enabled	查看表是否启用	is_enabled ' 表名 '
is_disabled	查看表是否禁用	is_disabled ' 表名 '

任务实施

使用 HBase 的 DDL 命令完成以下操作：

1）依据表 2-3 和表 2-4 的设计，使用 create 命令创建表 users 和 contents：

创建 users 表的命令为：

create 'users','basic_info',' status_id'

创建 contents 表的命令为：

create 'contents','basic_msg'

执行结果如图 2-15 所示。

2）执行 describe 命令，分别查看 users 表和 contents 表的结构，查看结果如图 2-16 和图 2-17 所示。

```
hbase(main):001:0> create 'users','basic_info','status_id'
0 row(s) in 3.1610 seconds

=> Hbase::Table - users
hbase(main):002:0> create 'contents','basic_msg'
0 row(s) in 1.2520 seconds

=> Hbase::Table - contents
```

图 2-15 创建 users 表和 contents 表

```
hbase(main):003:0> describe 'users'
Table users is ENABLED
users
COLUMN FAMILIES DESCRIPTION
{NAME => 'basic_info', BLOOMFILTER => 'ROW', VERSIONS => '1', IN_MEMORY => 'fals
e', KEEP_DELETED_CELLS => 'FALSE', DATA_BLOCK_ENCODING => 'NONE', TTL => 'FOREVE
R', COMPRESSION => 'NONE', MIN_VERSIONS => '0', BLOCKCACHE => 'true', BLOCKSIZE
=> '65536', REPLICATION_SCOPE => '0'}
{NAME => 'status_id', BLOOMFILTER => 'ROW', VERSIONS => '1', IN_MEMORY => 'false
', KEEP_DELETED_CELLS => 'FALSE', DATA_BLOCK_ENCODING => 'NONE', TTL => 'FOREVER
', COMPRESSION => 'NONE', MIN_VERSIONS => '0', BLOCKCACHE => 'true', BLOCKSIZE =
> '65536', REPLICATION_SCOPE => '0'}
2 row(s) in 0.3270 seconds
```

图 2-16 查看 users 表的结构

```
hbase(main):004:0> desc 'contents'
Table contents is ENABLED
contents
COLUMN FAMILIES DESCRIPTION
{NAME => 'basic_msg', BLOOMFILTER => 'ROW', VERSIONS => '1', IN_MEMORY => 'false
', KEEP_DELETED_CELLS => 'FALSE', DATA_BLOCK_ENCODING => 'NONE', TTL => 'FOREVER
', COMPRESSION => 'NONE', MIN_VERSIONS => '0', BLOCKCACHE => 'true', BLOCKSIZE =
> '65536', REPLICATION_SCOPE => '0'}
1 row(s) in 0.0940 seconds
```

图 2-17 查看 contents 表的结构

3）使用 alter 命令修改表的结构，可以对 HBase 表和列族进行修改，如新增一个列族、修改表属性、添加协处理器等。

修改 users 表的结构，将 basic_info 列族保留数据的版本数设置为 2，执行结果如图 2-18 所示。

```
hbase(main):009:0> alter 'users',NAME=>'basic_info',VERSIONS => 2
Updating all regions with the new schema...
1/1 regions updated.
Done.
0 row(s) in 2.2090 seconds
```

图 2-18 修改 users 表的列族保留数据版本数

在 contents 表中添加一个新的列族 other_msg，操作命令和执行结果如图 2-19 所示。运行命令 alter 'contents', NAME=>'other_msg',VERSIONS=>'3'，对于已有列族的作用是重新设置保留数据版本数为 3，对于不存在的列族会新建。通过 desc 命令查看表的结构可以看到 contents 表多了一个列族 other_msg。

NoSQL数据库技术及应用

```
hbase(main):011:0> alter 'contents',NAME=>'other_msg',VERSIONS=>'3'
Updating all regions with the new schema...
0/1 regions updated.
1/1 regions updated.
Done.
0 row(s) in 2.9830 seconds

hbase(main):012:0> desc 'contents'
Table contents is ENABLED
contents
COLUMN FAMILIES DESCRIPTION
{NAME => 'basic_msg', BLOOMFILTER => 'ROW', VERSIONS => '1', IN_MEMORY => 'false
', KEEP_DELETED_CELLS => 'FALSE', DATA_BLOCK_ENCODING => 'NONE', TTL => 'FOREVER
', COMPRESSION => 'NONE', MIN_VERSIONS => '0', BLOCKCACHE => 'true', BLOCKSIZE =
> '65536', REPLICATION_SCOPE => '0'}
{NAME => 'other_msg', BLOOMFILTER => 'ROW', VERSIONS => '3', IN_MEMORY => 'false
', KEEP_DELETED_CELLS => 'FALSE', DATA_BLOCK_ENCODING => 'NONE', TTL => 'FOREVER
', COMPRESSION => 'NONE', MIN_VERSIONS => '0', BLOCKCACHE => 'true', BLOCKSIZE =
> '65536', REPLICATION_SCOPE => '0'}
2 row(s) in 0.0270 seconds
```

图 2-19　新建列族 other_msg 并查看执行结果

如果同时修改一个表的多个列族，操作语法如下：

alter '表名',{NAME=>'列族1',VERSIONS=>'2'},{NAME=>'列族2', VERSIONS=>'5'}

4）删除 HBase 表之前，需要先将表的状态更改为 disabled，然后才能使用 drop 命令删除。例如，查看 contents 表的状态，如果为 enabled，就更改为 disabled，然后删除此表。操作命令和执行结果如图 2-20 所示。

5）运行 show_filters 命令可以查看 HBase 的所有过滤器，运行结果如图 2-21 所示。

```
hbase(main):020:0> is_enabled 'contents'
true
0 row(s) in 0.0130 seconds

hbase(main):021:0> disable 'contents'
0 row(s) in 2.2550 seconds

hbase(main):022:0> drop 'contents'
0 row(s) in 1.3340 seconds
```

图 2-20　表状态的查看、更改和删除

```
hbase(main):024:0> show_filters
DependentColumnFilter
KeyOnlyFilter
ColumnCountGetFilter
SingleColumnValueFilter
PrefixFilter
SingleColumnValueExcludeFilter
FirstKeyOnlyFilter
ColumnRangeFilter
TimestampsFilter
FamilyFilter
QualifierFilter
ColumnPrefixFilter
RowFilter
MultipleColumnPrefixFilter
InclusiveStopFilter
PageFilter
ValueFilter
ColumnPaginationFilter
```

图 2-21　查看 HBase 的过滤器

任务 4　操作微博数据

扫码观看视频

任务描述

HBase 提供了丰富的 DML（Data Manipulation Language）命令来实现数据的操作。本任务要求基于任务3中创建的微博用户表（users表），综合应用 HBase 的 DML，完成微博用户表中数据的添加、查看微博数据、删除数据、进行数据统计等操作。

项目2
应用HBase shell命令实现微博数据存储操作

任务分析

本任务需要综合应用 HBase 的 DML 命令来完成，使用 put 命令添加数据到微博用户表，使用 scan 或 get 命令进行数据的查看，使用 delete、deleteall 或 truncate 命令删除微博数据，使用 count 命令进行数据统计等操作。

知识准备

HBase 提供了数据操作命令用于实现表中数据的增删改查操作，常用的 DML 命令及作用见表 2-9。

表 2-9 常用的 DML 命令及作用

命令名称	作用	语法
put	上传数据到表中	put ' 表名 ',' 行键 ',' 列族 : 列 ',' 值 '
count	统计表中记录数	count ' 表名 '
scan	查看表中数据	scan " 表名 " , {COLUMNS=>' 列族名称 : 列名称 '} 备注：后面大括号内的条件不写，则为查看表的所有数据
get	通过表名、行、列、时间戳、时间范围和版本号来获得相应单元格的值	get ' 表名称 ',' 行名称 ', {COLUMNS=>' 列族 : 列 '}
incr	计数器操作	incr ' 表名 ',' 行键 ',' 列族 : 列 ', 计数值
get_counter	查看计数器	get_counter ' 表名 ',' 行键 ',' 列族 : 列 '
delete	删除某个数据	delete ' 表名 ',' 行名称 ',' 列族 : 列名称 '
deleteall	删除表中整行数据	deleteall ' 表名 ',' 行键 '
truncate	清空表	truncate ' 表名 '

使用 put 命令向表中插入数据时，需要通过行键、列族名和列名定位到具体的单元格，然后进行数据的插入。建表时只指定了表名和列族名，列名需要在使用 put 命令上传数据时加上。

注意：HBase 没有提供更新命令，如果需要更新数据，使用 put 命令重新上传数据覆盖旧数据即可。

计数器（Counter）是 HBase 的一个新特性，即把一个列 column 当作一个计数器，这样便于给某些在线应用提供实时统计功能（如帖子的实时浏览量：PV 统计）。

传统上，如果没有计数器，当需要修改一个列的值时，就需要先从该列读取值，然后在客户端修改值，最后写回 Region Server，即一个 Read-Modify-Write（RMW）操作。在这样的过程中，还需要对操作所在的行事先加锁，完成后再解锁。这会引起资源竞争，并且还会出现很多其他问题。而 HBase 的计数器 increment 接口就保证在 Region Server 端原子性地完成一个客户端请求。incr 命令用于设置计数器，get_counter 命令用于获取某列的计数器。

任务实施

1）使用 put 命令向微博用户表（users 表）中添加以下用户数据。

用户 1：（user_id:1001,name:zhangsan,province:shandong,city:jinan）

用户 2：（user_id:1002, name:lisi, province:sichuan, city:chengdu,
followers_count:20000, favorite_count:30）

put 命令及执行结果如图 2-22 所示。

```
hbase(main):001:0> put 'users','1001','basic_info:name','zhangsan'
0 row(s) in 0.7050 seconds

hbase(main):002:0> put 'users','1001','basic_info:province','shandong'
0 row(s) in 0.0590 seconds

hbase(main):003:0> put 'users','1001','basic_info:city','jinan'
0 row(s) in 0.1010 seconds

hbase(main):004:0> put 'users','1002','basic_info:name','lisi'
0 row(s) in 0.1620 seconds

hbase(main):005:0> put 'users','1002','basic_info:province','sichuan'
0 row(s) in 0.0100 seconds

hbase(main):006:0> put 'users','1002','basic_info:city','chengdu'
0 row(s) in 0.0150 seconds

hbase(main):007:0> put 'users','1002','basic_info:followers_count','20000'
0 row(s) in 0.0120 seconds

hbase(main):008:0> put 'users','1002','basic_info:favorite_count','120'
0 row(s) in 0.0140 seconds
```

图 2-22　插入数据到 users 表中

2）使用 scan 命令可以查看表中的数据。

查看 users 表中的所有数据，命令及执行结果如图 2-23 所示。

```
hbase(main):009:0> scan 'users'
ROW                  COLUMN+CELL
 1001                column=basic_info:city, timestamp=1558760907309, value=jinan
 1001                column=basic_info:name, timestamp=1558760868471, value=zhangsan
 1001                column=basic_info:province, timestamp=1558760894466, value=shandong
 1002                column=basic_info:city, timestamp=1558760989060, value=chengdu
 1002                column=basic_info:favorite_count, timestamp=1558761049341, value=120
 1002                column=basic_info:followers_count, timestamp=1558761036354, value=20000
 1002                column=basic_info:name, timestamp=1558760927102, value=lisi
 1002                column=basic_info:province, timestamp=1558760967478, value=sichuan
2 row(s) in 0.0690 seconds
```

图 2-23　查看 users 表中的所有数据

使用 scan 命令可以查看某一列或某几列数据的值。查询 users 表中 province 和 city 两列的值，命令及执行结果如图 2-24 所示。

```
hbase(main):015:0> scan 'users',COLUMNS=>['basic_info:province','basic_info:city']
ROW                  COLUMN+CELL
 1001                column=basic_info:city, timestamp=1558760907309, value=jinan
 1001                column=basic_info:province, timestamp=1558760894466, value=shandong
 1002                column=basic_info:city, timestamp=1558760989060, value=chengdu
 1002                column=basic_info:province, timestamp=1558760967478, value=sichuan
2 row(s) in 0.0290 seconds

hbase(main):016:0>
```

图 2-24　查看 province 和 city 列的值

3）使用 get 命令可以通过表名、行、列、时间戳、时间范围和版本号来获得相应单元格的数据。查询编号为 1002 的用户粉丝数量和关注数量，命令及执行结果如图 2-25 所示。

4）使用 count 命令可以统计表中记录数。统计 users 表中的记录数，命令及执行结果如

图 2-26 所示。

```
hbase(main):016:0> get 'users','1002','basic_info:followers_count','basic_info:favorite_info'
COLUMN                          CELL
 basic_info:followers_count     timestamp=1558761036354, value=20000
1 row(s) in 0.2030 seconds
```

图 2-25　get 命令查询粉丝数量和关注数量

```
hbase(main):017:0> count 'users'
2 row(s) in 0.0760 seconds

=> 2
```

图 2-26　查看 users 表的记录数

5）使用 incr 命令可以设置计数器，使用 get_counter 命令可以查看某列的计数器。例如为 users 表中用户编号为 1004 的行中的 basic_info:name 列设置计数器为 1，命令及语法如图 2-27 所示。

```
hbase(main):031:0> incr 'users','1004','basic_info:name',1
COUNTER VALUE = 1
0 row(s) in 0.0450 seconds

hbase(main):032:0> get_counter 'users','1004','basic_info:name'
COUNTER VALUE = 1
```

图 2-27　计数器的设置与查看

6）删除数据可以使用 delete、deleteall 和 truncate 三个命令。delete 可以定位到某行某列的单元格进行删除，deleteall 删除的是一整行数据，truncate 则用于清空整个表。例如，使用 delete 命令删除 users 表中编号为 1002 的用户所在城市，通过 scan 命令查看可以发现 1002 用户的 city 数据已经被删除，如图 2-28 所示。

```
hbase(main):037:0> delete 'users','1002','basic_info:city'
0 row(s) in 0.0130 seconds

hbase(main):038:0> scan 'users'
ROW                     COLUMN+CELL
 1001                   column=basic_info:name, timestamp=1558770937102, value=zhangsas
 1001                   column=basic_info:province, timestamp=1558760894466, value=shandong
 1002                   column=basic_info:favorite_count, timestamp=1558761049341, value=20
 1002                   column=basic_info:followers_count, timestamp=1558761036354, value=20000
 1002                   column=basic_info:name, timestamp=1558760927102, value=lisi
 1002                   column=basic_info:province, timestamp=1558760967478, value=sichuan
 1003                   column=basic_info:name, timestamp=1558771128800, value=\x00\x00\x00\x00\x00\x00\x02
 1004                   column=basic_info:name, timestamp=1558771141783, value=\x00\x00\x00\x00\x00\x00\x01
4 row(s) in 0.0270 seconds
```

图 2-28　删除 users 表中 1002 用户所在城市

使用 deleteall 命令删除编号为 1002 的用户信息，使用 truncate 命令清空 users 表的数据，如图 2-29 所示。

```
hbase(main):039:0> deleteall 'users','1002'
0 row(s) in 0.0360 seconds

hbase(main):040:0> truncate 'users'
Truncating 'users' table (it may take a while):
 - Disabling table...
s^? - Truncating table...
0 row(s) in 5.1260 seconds

hbase(main):041:0> scan 'users'
ROW                              COLUMN+CELL
0 row(s) in 0.1260 seconds
```

图 2-29　删除单行及清空表操作

任务 5 完成微博数据的快照管理

任务描述

快照管理是 HBase 常用的数据迁移和备份的方法。HBase 快照的使用场景很普遍，典型的场景如 HBase 表的定期快速备份、升级前的 HBase 数据备份、集群间的数据迁移、测试环境数据的构建和数据恢复的实现等。为微博数据表创建快照，可以有效保证微博数据的安全性，并可以实现微博数据的迁移等操作。

本任务要求应用 HBase 快照管理的相关命令，完成微博数据表的快照的创建、列示、复制、恢复、删除等操作。

任务分析

本任务需要综合应用 HBase 提供的快照管理命令来实现。使用 snapshot 命令可为微博数据表创建快照，使用 list_snapshot 命令可查看已创建好的快照，使用 clone_snapshot 命令可从已有快照生成新表，使用 delete_snapshot 命令可删除无用的快照等。

知识准备

HBase 快照（Snapshot）顾名思义就是在某个时刻对某个 HBase 表的数据做了快速备份，就像拍照一样，让数据停留在那个时刻不再变动，可以用来做数据的恢复或者迁移。HBase 在 0.94 版本开始提供了快照功能，0.95 版本以后默认开启快照功能。

HBase 的 Snapshot 其实就是一组 metadata 信息的集合（文件列表），通过这些 metadata 信息的集合，就能将表的数据回滚到 Snapshot 那个时刻的数据。在 HBase 中，数据是先写入 Memstore 中的，当 Memstore 中的数据达到一定条件时，就会刷新并写入 HDFS 中，形成 HFile，以后就不允许原地修改或者删除了。如果要更新或者删除，只能追加写入新文件。Snapshot 就是利用了数据写入以后就不会在发生原地修改或者删除的特点，创建快照时只需要给快照表对应的所有文件创建好指针（元数据集合），恢复的时候只需要根据这些指针找到对应的文件进行恢复就可以。创建快照的流程如图 2-30 所示。

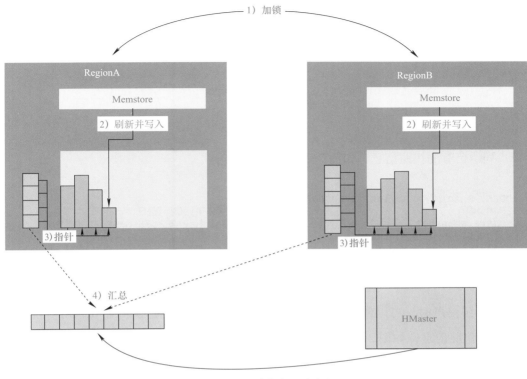

图 2-30 创建快照的流程

由图 2-30 可以看出,创建 Snapshot 的流程主要分为 4 个步骤,分别是:

1)对该表添加全局锁,不允许任何数据的写入、更新和删除。

2)将该表内存中的数据(Memstore)刷新并写入 HFile 文件中。

3)为该表涉及的各个 Region 中的所有 HFile 文件创建引用指针,并记录到 Snapshot 文件中。

4)HMaster 将所有的 Region 的 Snapshot 文件进行汇总,形成总体的 Snapshot 文件。

HBase 提供了管理快照的 shell 命令,命令的作用和语法见表 2-10。

表 2-10 快照管理操作命令的作用和语法

命令名称	作用	语法
snapshot	创建快照	snapshot '表名','快照名'
delete_snapshot	删除快照	delete_snapshot '快照名'
list_snapshot	列示快照	list_snapshot
clone_snapshot	从指定快照生成新表	clone_snapshot '快照名','新表名'
restore_snapshot	将指定快照内容替换,生成快照的表的结构/数据	先禁用表,然后恢复快照,再启用表: disable '表名' restore_snapshot '快照名' enable '表名'

任务实施

1）为微博用户表（users 表）创建快照，快照名称为 users_snapshot，如图 2-31 所示。

```
hbase(main):042:0> snapshot 'users','users_snapshot'
0 row(s) in 2.6000 seconds
```

图 2-31 创建快照

2）列示已有的快照信息，如图 2-32 所示。

```
hbase(main):044:0> list_snapshots
SNAPSHOT                          TABLE + CREATION TIME
 users_snapshot                   users (Sat May 25 17:16:58 +0800 2019)
1 row(s) in 0.1490 seconds

=> ["users_snapshot"]
```

图 2-32 列示已有的快照信息

列示快照信息时，可以使用正则表达式进行快照名称的匹配，例如列示所有快照名称以 u 开头的快照信息，如图 2-33 所示。

```
hbase(main):046:0> list_snapshots 'u.*'
SNAPSHOT                          TABLE + CREATION TIME
 users_snapshot                   users (Sat May 25 17:16:58 +0800 2019)
1 row(s) in 0.0610 seconds

=> ["users_snapshot"]
```

图 2-33 列示名称以 u 开头的快照信息

3）使用 clone_snapshot 命令，基于已有的快照 users_snapshot 生成新表 users_new，并通过 desc 命令查看 users_new 表的结构，如图 2-34 所示。

```
hbase(main):047:0> clone_snapshot 'users_snapshot','users_new'
0 row(s) in 1.6390 seconds

hbase(main):048:0> desc 'users_new'
Table users_new is ENABLED
users_new
COLUMN FAMILIES DESCRIPTION
{NAME => 'NAME=>basic_info', BLOOMFILTER => 'ROW', VERSIONS => '1', IN_MEMORY => 'false', KEEP_DELETED_CELLS => 'FALSE', DATA_BLOCK_ENCODING
 => 'NONE', TTL => 'FOREVER', COMPRESSION => 'NONE', MIN_VERSIONS => '0', BLOCKCACHE => 'true', BLOCKSIZE => '65536', REPLICATION_SCOPE =>
'0'}
{NAME => 'basic_info', BLOOMFILTER => 'ROW', VERSIONS => '2', IN_MEMORY => 'false', KEEP_DELETED_CELLS => 'FALSE', DATA_BLOCK_ENCODING => 'N
ONE', TTL => 'FOREVER', COMPRESSION => 'NONE', MIN_VERSIONS => '0', BLOCKCACHE => 'true', BLOCKSIZE => '65536', REPLICATION_SCOPE => '0'}
{NAME => 'status_id', BLOOMFILTER => 'ROW', VERSIONS => '1', IN_MEMORY => 'false', KEEP_DELETED_CELLS => 'FALSE', DATA_BLOCK_ENCODING => 'NO
NE', TTL => 'FOREVER', COMPRESSION => 'NONE', MIN_VERSIONS => '0', BLOCKCACHE => 'true', BLOCKSIZE => '65536', REPLICATION_SCOPE => '0'}
3 row(s) in 0.1540 seconds
```

图 2-34 使用快照生成新表并查看表结构

4）使用 restore_snapshot 命令恢复快照。实现此操作需要先禁用表，然后恢复快照，恢复完毕后再启用表。恢复快照可以让表的结构和数据回到创建快照时的状态，如图 2-35 所示。

```
hbase(main):049:0> disable 'users'
0 row(s) in 2.4810 seconds

hbase(main):050:0> restore_snapshot 'users_snapshot'
0 row(s) in 0.6650 seconds

hbase(main):051:0> enable 'users'
0 row(s) in 1.2730 seconds
```

图 2-35 恢复快照

5）使用 delete_snapshot 删除 users_snapshot 快照，如图 2-36 所示。

```
hbase(main):052:0> delete_snapshot 'users_snapshot'
0 row(s) in 0.0430 seconds

hbase(main):053:0> list_snapshots
SNAPSHOT                          TABLE + CREATION TIME
0 row(s) in 0.0130 seconds

=> []
```

图 2-36 删除快照

删除快照之后，通过 list_snapshot 命令列示快照，此时发现快照已经不存在了。

项 目 小 结

本项目的主要任务是认识并掌握 HBase 的 shell 命令。通过命令能够创建和管理 HBase 的命令空间，能够基于 HBase 的 DDL 创建并管理表，能够基于 DML 进行数据的添加、查看、删除等操作，并能够熟练使用操作命令进行快照的创建和管理。

项 目 拓 展

要求：在 Hadoop 伪分布式环境下安装 HBase 的伪分布式环境，启动 Hadoop 和 HBase 进程，进入 HBase shell，完成以下练习。

1. 按照表 2-11 的内容编写命令，在 HBase 中创建表 test，并插入内容，要求内容列 (Column Contents) 保留三个版本的数据。

表 2-11　题目 1 中的表

Row Key	Column Contents	Column Anchor		Column "mime"
		cnnsi.com	my.look.ca	
com.cnn.www		CNN		
			CNN.COM	
	<html>a1			Text/html
	<html>a2			
	<html>a3			

写出所有的操作命令：

1）创建表。

2）在表中插入数据。

3）查询表中的所有内容。

4）显示表的结构。

5）删除表 test。

2．按表 2-12 的内容在 HBase 中创建 employee 表，完成以下各题。

表 2-12　题目 2 中的表

Row Key	basic_info		extra_Info	
	empid	Name	birth	gender
row1	001	Zhangsan	1999/10/10	female
		zhangsanfeng		
row2	002	Lisi	1998/11/12	male

1）请参照表 2-12 的内容编写命令创建表 employee。

2）编写命令将表格里显示的数据上传到表中。

3）写出查看全表数据的命令。

4）写出查看行键为 row2 的员工的信息的命令。

5）将 basic_info 列族下的 name 列可保留数据的版本设置为 5。

6）将行键为 row1 的员工姓名改为 zhangsanfeng。

7）查看行键为 row1 的员工近三个版本的姓名信息。

8）删除行键为 row2 的学生的出生日期。

Project 3

项目3
应用HBase API操作学员信息

项目概述

本项目向读者展示了通过 HBase 的 API 对 HBase 中的数据进行增删改查的操作。使用 MapReduce 关联 HBase，通过计算框架 MapReduce 来读取 HBase 中的数据，将 MapReduce 处理的数据存储至 HBase。

学习目标：

- 了解 MapReduce 和 HBase 整合的基本编程方法。
- 掌握 Hbase Java API 开发环境。
- 掌握使用 HBase API 对数据进行增删改查操作的方法。

项目3
应用HBase API操作学员信息

任务1 完成学员数据增删改查

扫码观看视频

任务描述

本任务基于集成开发环境 Eclipse，使用 HBase 的 Java API 进行学员信息 student 表的创建和操作。本任务主要包括编写 Java 代码连接 HBase 数据库，创建命名空间和学员信息表 student，向 student 表中插入数据，对数据进行多种方式的操作，如按版本删除和按列族删除、按版本和时间戳对学员信息进行查询等。

任务分析

项目 2 中应用 HBase shell 命令可以完成命名空间、表以及表中数据的各种操作。之前使用 HBase shell 命令完成的功能，使用 Java API 同样可以完成。在实际生产场景中，大多数情况下需要编写代码完成数据操作。本任务就需要使用 HBase 提供的 Java API 编写 Java 代码连接 HBase，创建命名空间，综合应用 HBaseAdmin、HColumnDescriptor、HTable 等 API 编码创建学员信息表 student，完成学员数据的插入、查询、删除等操作。完成此任务所需的软件环境基础见表 3-1。

表 3-1 本任务所需的软件环境基础

编号	软件基础	说明
1	操作系统	CentOS 7，主机名 node1
2	Java 编译器	JDK1.8
3	伪分布式 Hadoop 平台	hadoop-2.7.3
4	伪分布式 HBase 平台	HBase
5	IDE	Eclipse

知识准备

HBase 提供了丰富的 Java API 用于实现数据的各种操作。相关的 Java 类主要存放在 org.apche.hadoop.hbase 包下，需要导入此包才能使用这些 API。下面对常用的类或接口进行介绍。

1. HBaseConfiguration

该类用于管理 HBase 的配置信息，用法为 Configuration config = HBaseConfiguration.create()。HBaseConfiguration.create() 默认会从 classpath 中查找 hbase-site.xml 中的配置信息来初始化 Configuration。

主要方法有：

（1）Configuration create()

作用：使用默认的 HBase 配置文件创建 Configuration。

（2）Configuration addHbaseResources(Configuration conf)

作用：向当前 Configuration 添加 conf 中的配置信息。

（3）void merge(Configuration destConf, Configuration srcConf)

作用：合并两个 Configuration。

2．HBaseAdmin

此类提供了一个接口来管理 HBase 数据库的表信息。此类的常用的方法有：

（1）void createTable(TableDescriptor desc)

作用：创建表。

（2）void disableTable(TableName tableName)

作用：使表无效。

（3）void deleteTable(TableName tableName)

作用：删除表。

（4）Void enableTable(TableName tableName)

作用：使表有效。

（5）boolean tableExists(TableName tableName)

作用：检查表是否存在。

（6）HTableDescriptor[] listTables()

作用：列出所有表。

3．HTableDescriptor

此类用于维护表的名称以及表的列族信息，此类的主要方法如下：

（1）HTableDescriptor addFamily(HColumnDescriptor family)

作用：添加列族。

（2）Collection<HColumnDescriptor> getFamilies()

作用：返回所有列族的名称。

（3）TableName getTableName()

作用：返回表名实例。

（4）Byte[] getValue(Bytes key)

作用：获得属性值。

（5）HTableDescriptor removeFamily(byte[] column)

作用：删除列族。

4．HColumnDescriptor

此类用于维护列族的信息，通常在添加列族或创建表时使用。列族一旦建立就不能修改，只能通过删除列族然后创建新的列族来间接修改。一旦列族被删除，该列族包含的数据也就随之删除。此类的主要方法如下：

(1) Byte[] getName()

作用：获得列族名称。

(2) Byte[] getValue(byte[] key)

作用：获得某列单元格的值。

(3) HColumnDescriptor setValue(byte[] key, byte[] value)

作用：设置某列单元格的值。

5．HTable

用于 HTable 和 HBase 的表通信。此类的主要方法如下：

(1) void close()

作用：释放所有资源。

(2) void delete(Delete delete)

作用：删除指定的单元格或行。

(3) boolean exists(Get get)

作用：检查 get 对象指定的列是否存在。

(4) Result get(Get get)

作用：从指定行的单元格中取得相应的值。

(5) void put(Put put)

作用：向表中添加值。

(6) ResultScanner getScanner(byte[] family)

　　ResultScanner getScanner(byte[] family, byte[] qualifier)

　　ResultScanner getScanner(Scan scan)

作用：获得 ResultScanner 实例。

(7) HTableDescriptor getTableDescriptor()

作用：获得当前表格的 HTableDescriptor 对象。

(8) TableName getName()

作用：获取当前表名。

6．Put

使用单表通信类 Table 和单行操作类 Put 的 Java API 进行对某个表增加一行、修改一行的操作。

7．Delete

使用 Delete 类进行对表中数据删除一行、删除指定列族、删除指定 Column 的多个版本、删除指定 Column 的指定版本等操作；使用 Admin 类进行表的删除和表中指定列族删除的操作。

8．Get

使用 Get 类获取指定行的所有信息、指定行和指定列族的所有 Colunm、指定的

Column、指定 Column 的几个版本、指定 Column 的指定版本等，但是只可以对单行进行操作，返回结果存储至 Result 类中，最后使用循环遍历数据。

9．Scan

使用 Scan 类进行多行查询操作，获取所有行、指定行键范围的行、从某行开始的几行、满足过滤条件的行等，返回结果存储至 ResultScanner 类中，最后只用循环遍历数据。

任务实施

1）创建 Java 工程。在 Eclipse 中的项目列表中单击鼠标右键，选择"New"→"Java Project"命令，在打开的对话框中新建一个项目"HbaseJavaAPI"，如图 3-1 所示。

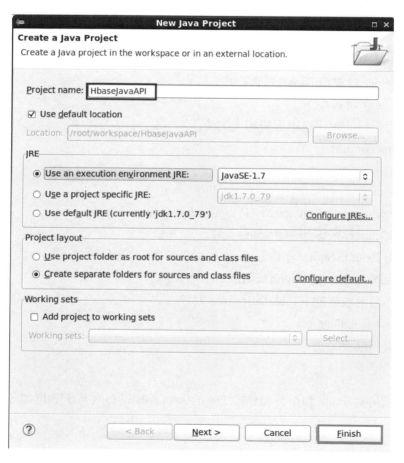

图 3-1　新建项目

2）复制 HBase 相关 jar 包到 lib 文件夹。在编写"SingleColumnValueFilterTest"类之前需要把 HBase 安装目录中 lib 目录下的 jar 包导入进来，首先在项目根目录下创建一个文件夹 lib，把 HBase 相关 jar 包复制到该文件夹中，如图 3-2 所示。

项目3
应用HBase API操作学员信息

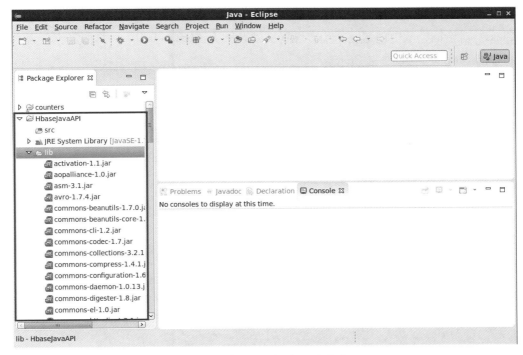

图 3-2　复制 jar 包到 lib 文件夹

3）将 lib 下所有的 jar 包导入项目环境中。首先全选 lib 文件夹下的 jar 包文件，单击鼠标右键，选择 "Build Path" → "Add to Build Path" 命令。添加后，发现 jar 包被引用到了工程的 Referenced Libraries 中，如图 3-3 所示。

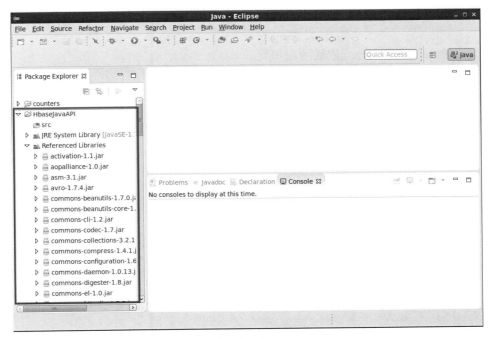

图 3-3　导入 jar 包到项目环境

4)创建 Java 类。在项目 src 目录下,单击鼠标右键,通过快捷菜单命令打开"New Java Class"对话框,从中创建一个类,设置文件名称为"HBaseUtil",并指定包名为"com.simpleHBase.util",如图 3-4 所示。

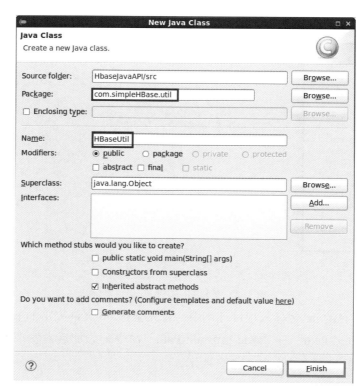

图 3-4 创建类和包

5)在 HBaseUitl 类中导入依赖的包和类。

HBaseUtil 类代码的功能包括获取 HBase 数据库的连接、在 HBase 数据库中创建表和列族、向表中插入数据、删除表中的数据、扫描(检索)表中的数据等。这些功能使用的 Java API 大多属于 org.apache.hadoop.hbase 包。HBaseUtil 的开头部分需要导入的包和类如下:

```
package com.simpleHBase.util;
import java.io.IOException;
import org.apache.hadoop.conf.Configuration;
import org.apache.hadoop.hbase.Cell;
import org.apache.hadoop.hbase.CellUtil;
import org.apache.hadoop.hbase.HBaseConfiguration;
import org.apache.hadoop.hbase.HColumnDescriptor;
import org.apache.hadoop.hbase.HTableDescriptor;
import org.apache.hadoop.hbase.KeyValue;
import org.apache.hadoop.hbase.NamespaceDescriptor;
import org.apache.hadoop.hbase.TableName;
import org.apache.hadoop.hbase.client.Admin;
import org.apache.hadoop.hbase.client.Connection;
```

```java
import org.apache.hadoop.hbase.client.ConnectionFactory;
import org.apache.hadoop.hbase.client.Delete;
import org.apache.hadoop.hbase.client.Get;
import org.apache.hadoop.hbase.client.HTable;
import org.apache.hadoop.hbase.client.Put;
import org.apache.hadoop.hbase.client.Result;
import org.apache.hadoop.hbase.client.ResultScanner;
import org.apache.hadoop.hbase.client.Scan;
import org.apache.hadoop.hbase.client.Table;
import org.apache.hadoop.hbase.filter.CompareFilter.CompareOp;
import org.apache.hadoop.hbase.filter.FilterList;
import org.apache.hadoop.hbase.filter.SingleColumnValueFilter;
import org.apache.hadoop.hbase.util.Bytes;
```

6）HBase 数据库配置和连接。

在 HBaseUtil 类中可以通过 static 静态代码块来实现在类加载时配置 ZooKeeper 的端口 2181，以及配置 ZooKeeper 的仲裁主机名（如果有多个机器，那么主机名间需要使用冒号隔开）和配置 HBase Master 主机名。

创建 HBaseUtil 类，通过 static 静态代码块实现 HBase 数据库的配置和连接：

```java
public class HbaseUtil{
    public static Configuration conf;
    public static Connection conn;
    /**
     *
     */
    static {
        conf = HBaseConfiguration.create();   // 创建 conf 对象
        conf.set("hbase.zookeeper.property.clientPort", "2181");
        conf.set("hbase.zookeeper.quorum", "node1");
        conf.set("hbase.master", "node1:60000");
        try {
            conn = ConnectionFactory.createConnection(conf);
        } catch (IOException e) {
            e.printStackTrace();
        }
    }
}
```

7）建表和插入数据。

① 在 HBaseUtil 类中创建 createTable() 方法，用于创建表和表中的列族。在这个方法用到的 API 中，NamespaceDescriptor 用于维护命名空间的信息，但是命名空间 namespace 一般建议用 HBase shell 来创建。Admin 类提供了一个接口来管理 HBase 数据库的表信息，HTableDescriptor 维护了表的名称及其对应表的列族，可通过 HTableDescriptor 对象设置表的特性。HColumnDescriptor 维护着关于列族的信息，可以通过 HColumnDescriptor 对象设置列族的特性。创建表和列族的代码具体如下：

```java
/**
 * 建表，建列族
 *
 * @param tablename：表名
 * @param ColumnFamilys：列族名
 *
 */
public static void createTable(String tablename, String... ColumnFamilys) throws IOException {
    Admin admin = conn.getAdmin();
    // 命名空间建议用 HBase shell 命令创建，已将下面创建命名空间的代码注释
    // admin.createNamespace(NamespaceDescriptor.create("my_ns").build());
    // HTableDescriptor table=new
    // HTableDescriptor(TableName.valueOf("my_ns"+tablename));
    HTableDescriptor table = new HTableDescriptor(TableName.valueOf(tablename));
    for (String family : ColumnFamilys) {
        HColumnDescriptor columnfamily = new HColumnDescriptor(family);
        table.addFamily(columnfamily);
    }
    if (admin.tableExists(TableName.valueOf(tablename))) {
        System.out.println("Table Exists");
    } else {
        admin.createTable(table);
        System.out.println("Table Created");
        admin.close();
    }
}
```

② 创建 insertData() 函数，向表中插入数据。用到的 API 主要有 Table 类和 Put 类，Table 类用于与单个 HBase 表通信，Put 类用来对单个行执行添加操作。

```java
/**
 * 插入数据，当指定 rowkey 已经存在时，则会覆盖之前的旧数据
 *
 * @param tablename,
 * @param rowkey,
 * @param ColumnFamilys,
 * @param columns,@values
 *
 */
public static void insertData(String tablename, String rowkey, String ColumnFamilys, String[] columns,
        String[] values) throws IOException {
    Table table = conn.getTable(TableName.valueOf(tablename));
    Put put = new Put(Bytes.toBytes(rowkey));
    for (int i = 0; i < columns.length; i++) {
        put.addColumn(Bytes.toBytes(ColumnFamilys), Bytes.toBytes(columns[i]), Bytes.toBytes(values[i]));
    }
    table.put(put);
    System.out.println("data inserted");
    table.close();
}
```

③ 创建程序入口 main() 函数，调用上面创建好的方法，创建学生表 student 和两个列族 (information 和 score)，并插入数据。

```java
public static void main(String[] args) throws IOException {
    String[] col1 = new String[] { "name", "age" };
    String[] val1 = new String[] { "xx", "18" };
    String[] col2 = new String[] { "chinese", "math" };
    String[] val2 = new String[] { "60", "70" };
    createTable("student", "information", "score");
    insertData("student", "1", "information", col1, val1);
    insertdata("student", "1", "information", col2, val2);
}
```

④ 在 Linux 终端下启动 Hadoop 服务和 Hbase 服务，进入 Hadoop 安装目录下的 sbin 目录，执行 ./start-all.sh 启动 Hadoop 服务，并通过执行 start-hbase.sh 命令启动 HBase 服务，通过 jps 查看是否启动成功。

在所有所需进程已启动的情况下，执行 main() 函数，如果出现以下结果，则说明执行成功。

```
Table Exists
data inserted
data inserted
```

8) 检索（扫描）表中的数据。

① 创建 scanTable() 方法用于扫描整个表的数据，将表中所有数据查询出来，并输出到标准输出。

```java
/**
 * 扫描全表
 * @param tablename
 */
public static void scanTable(String tablename) throws IOException {
    Scan scan = new Scan();
    Table table = conn.getTable(TableName.valueOf(tablename));
    ResultScanner rs = table.getScanner(scan);
    for (Result result : rs) {
        for (Cell cell : result.listCells()) {
            System.out.println(Bytes.toString(cell.getRow()) + "    " + "column=" + Bytes.toString(cell.getFamily())
                    + ":" + Bytes.toString(cell.getQualifier()) + ",timestamp=" + cell.getTimestamp() + ",value="
                    + Bytes.toString(cell.getValue()));
        }
    }
    rs.close();
}
```

② 创建 scanRow() 方法，根据行键对表进行扫描和检索，查询出整行的数据，并输出到标准输出。

```
/**
 *  根据 rowkey 对表进行扫描
 *
 * @param tablename
 * @param rowkey
 *          scan 'student',{ROWPREFIXFILTER => '1'}
 */
public static void scanRow(String tablename, String rowkey) throws IOException {
    Get get = new Get(Bytes.toBytes(rowkey));
    Table table = conn.getTable(TableName.valueOf(tablename));
    Result result = table.get(get);
    for (KeyValue kv : result.list()) {
        System.out.println(
            rowkey + "   column=" + Bytes.toString(kv.getFamily()) + ":" + Bytes.toString(kv.getQualifier())
            + "," + "timestamp=" + kv.getTimestamp() + ",value=" + Bytes.toString(kv.getValue()));
    }
}
```

③ 创建 scanSpecifyColumn() 方法，根据表名、行键、列族和列的名称查询指定列的最新版本的数据，并输出到标准输出。

```
/**
 * 获取指定 rowkey 中指定列的最新版本数据
 *
 * @param tablename
 * @param rowkey
 * @param columnfamily
 * @param column
 */
 public static void scanSpecifyColumn(String tablename, String rowkey, String columnfamily, String column) throws IOException {
    Table table = conn.getTable(TableName.valueOf(tablename));
    Get get = new Get(Bytes.toBytes(rowkey));
    get.addColumn(Bytes.toBytes(columnfamily), Bytes.toBytes(column));

    Result result = table.get(get);
    for (KeyValue kv : result.list()) {
        System.out.println(
            rowkey + "   column=" + Bytes.toString(kv.getFamily()) + ":" + Bytes.toString(kv.getQualifier())
            + "," + "timestamp=" + kv.getTimestamp() + ",value=" + Bytes.toString(kv.getValue()));
    }
}
```

④ 创建 scanSpecifyTimestamp() 方法，根据表名、行键和时间戳信息查询指定时间戳的数据，并输出到标准输出。

```
/**
 * 获取行键指定的行中指定时间戳的数据
```

```
     *
     * @param tablename
     * @param rowkey
     * @param timestamp
     * 如果要获取指定时间戳范围的数据，可以使用 get.setTimeRange() 方法
     */
    public static void scanSpecifyTimestamp(String tablename, String rowkey, Long timestamp) throws IOException {
        Get get = new Get(Bytes.toBytes(rowkey));
        get.setTimeStamp(timestamp);
        Table table = conn.getTable(TableName.valueOf(tablename));
        Result result = table.get(get);
        for (KeyValue kv : result.list()) {
            System.out.println(
                rowkey + "    column=" + Bytes.toString(kv.getFamily()) + ":" + Bytes.toString(kv.getQualifier())
                    + "," + "timestamp=" + kv.getTimestamp() + ",value=" + Bytes.toString(kv.getValue()));
        }
    }
```

⑤ 创建 scanAllVersion() 方法，根据表名和行键获取当前行中所有版本的数据。需要注意的是，能查询并输出多版本数据的前提是当前列族允许多版本数据，并且已经保存了多版本数据。

```
    /**
     * 获取行键指定的行中所有版本的数据
     * 能输出多版本数据的前提是当前列族能保存多版本数据，列族可以保存的数据版本数通过
HColumnDescriptor 的 setMaxVersions(Int) 方法设置
     *
     * @param tablename
     * @param rowkey
     * @param timestamp
     */
    public static void scanAllVersion(String tablename, String rowkey) throws IOException {
        Get get = new Get(Bytes.toBytes(rowkey));
        get.setMaxVersions();
        Table table = conn.getTable(TableName.valueOf(tablename));
        Result result = table.get(get);
        for (KeyValue kv : result.list()) {
            System.out.println(
                rowkey + "    column=" + Bytes.toString(kv.getFamily()) + ":" + Bytes.toString(kv.getQualifier())
                    + "," + "timestamp=" + kv.getTimestamp() + ",value=" + Bytes.toString(kv.getValue()));
        }
    }
```

⑥ 创建 scanFilterAge() 方法，使用过滤器 filter 来实现根据指定的条件检索数据，并将检索结果输出到标准输出。

```
    /**
     * 使用过滤器获取 18 ~ 20 岁的学生信息
```

```
 *
 * @param tablename
 * @param age
 * @throws IOException
 */
public static void scanFilterAge(String tablename, int startage, int endage) throws IOException {
    Table table = conn.getTable(TableName.valueOf(tablename));

    FilterList filterList = new FilterList(FilterList.Operator.MUST_PASS_ALL);
    SingleColumnValueFilter filter1 = new SingleColumnValueFilter(Bytes.toBytes("information"),
            Bytes.toBytes("age"), CompareOp.GREATER_OR_EQUAL, Bytes.toBytes(startage));
    SingleColumnValueFilter filter2 = new SingleColumnValueFilter(Bytes.toBytes("information"),
            Bytes.toBytes("age"), CompareOp.LESS_OR_EQUAL, Bytes.toBytes(endage));
    filterList.addFilter(filter1);
    filterList.addFilter(filter2);

    Scan scan = new Scan();
    scan.setFilter(filterList);

    ResultScanner rs = table.getScanner(scan);
    for (Result r : rs) {
        for (Cell cell : r.listCells()) {
            System.out.println(Bytes.toString(cell.getRow()) + "  Familiy:Quilifier : "
                    + Bytes.toString(cell.getFamily()) + ":" + Bytes.toString(cell.getQualifier()) + "  Value : "
                    + Bytes.toString(cell.getValue()) + "  Time : " + cell.getTimestamp());
        }
    }
    table.close();
}
```

⑦ 运行测试。在 main() 函数中添加代码，完成数据的各种维度的扫描和查询。建表和插入数据在前面的代码中已经完成运行，所以在下面的代码中注释掉此块内容。

```
public static void main(String[] args) throws IOException {
    // 注释掉建表和插入数据相关代码
    /*
    String[] col1 = new String[] { "name", "age" };
    String[] val1 = new String[] { "xx", "18" };
    String[] col2 = new String[] { "chinese", "math" };
    String[] val2 = new String[] { "60", "70" };
    createTable("student", "information", "score");
    insertData("student", "1", "information", col1, val1);
    insertData("student", "1", "information", col2, val2);
    */
    System.out.println("+++++scantable+++++");
    scanTable("student");
    System.out.println("+++++scanrow+++++");
    scanRow("student", "1");
    System.out.println("+++++scanspecifycolumn+++++");
    scanSpecifyColumn("student", "1", "information", "chinese");
    System.out.println("+++++scanspecifytimestamp+++++");
```

项目3
应用HBase API操作学员信息

```
    //1533482642629L，此处的 1533482642629 为 student 表中已有的时间戳，L 代表 Long 类型
    scanSpecifyTimestamp("student", "information", 1533482642629L);
    System.out.println("+++++scanallversion+++++")
    scanAllVersion("student", "1");
    System.out.println("+++++scanfilterage+++++")
    scanFilterAge("student", 18, 20);
}
```

⑧ 在 Linux 终端下启动 Hadoop 服务和 HBase 服务，进入 Hadoop 安装目录下的 sbin 目录，执行 ./start-all.sh 启动 Hadoop 服务，并通过执行 start-hbase.sh 命令启动 HBase 服务。通过 jps 查看是否启动成功。

在所有所需进程已启动的情况下，执行 main() 函数，如果出现以下结果，则说明执行成功。

```
+++++scantable+++++
1    column=information:age,timestamp=1557914550294,value=18
1    column=information:chinese,timestamp=1557914550309,value=60
1    column=information:math,timestamp=1557914550309,value=70
1    column=information:name,timestamp=1557914550294,value=xx
+++++scanrow+++++
1    column=information:age,timestamp=1557914550294,value=18
1    column=information:chinese,timestamp=1557914550309,value=60
1    column=information:math,timestamp=1557914550309,value=70
1    column=information:name,timestamp=1557914550294,value=xx
+++++scanspecifycolumn+++++
1    column=information:chinese,timestamp=1557914550309,value=60
+++++scanspecifytimestamp+++++
1    column=information:chinese,timestamp=1557914474187,value=60
1    column=information:math,timestamp=1557914474187,value=70
+++++scanallversion+++++
1    column=information:age,timestamp=1557914550294,value=18
1    column=information:chinese,timestamp=1557914550309,value=60
1    column=information:math,timestamp=1557914550309,value=70
1    column=information:name,timestamp=1557914550294,value=xx
+++++scanfilterage+++++
1    Familiy:Quilifier : information:age      Value : 18   Time : 1557914550294
1    Familiy:Quilifier : information:chinese  Value : 60   Time : 1557914550309
1    Familiy:Quilifier : information:math     Value : 70   Time : 1557914550309
1    Familiy:Quilifier : information:name     Value : xx   Time : 1557914550294
```

9）删除表中的数据和删除表。

① 创建 deleteRow() 方法，用于删除整行的数据，包括这一行的所有列族、所有版本的数据，主要用到 Table 类和 Delete 类。

```
/**
 * 根据 rowkey 删除整行的所有列族、所有行、所有版本
```

```
     *
     * @param tablename
     * @param rowkey
     */
    public static void deleteRow(String tablename, String rowkey) throws IOException {
        Table table = conn.getTable(TableName.valueOf(tablename));
        Delete delete = new Delete(Bytes.toBytes(rowkey));
        table.delete(delete);
        table.close();
        System.out.println("row" + rowkey + " is deleted");
    }
```

② 创建 deleteCol() 方法,用于删除指定列的数据,具体实施时需要根据行键、列族和列的名称来删除某一行的指定列的数据。

```
/**
     * 删除某个 row 的指定列
     *
     * @param tablename
     * @param rowkey
     * @param columnfamily
     * @param column
     */
     public static void deleteCol(String tablename, String rowkey, String columnfamily, String column)  throws IOException {
        Table table = conn.getTable(TableName.valueOf(tablename));
        Delete delete = new Delete(Bytes.toBytes(rowkey));
        delete.deleteColumn(Bytes.toBytes(columnfamily), Bytes.toBytes(column));
        table.delete(delete);
        table.close();

        System.out.println("row" + rowkey + " is deleted");
    }
```

③ 创建 deleteVersion() 方法,用于根据时间戳删除指定时间戳版本的数据。具体代码如下:

```
/**
     * 删除指定列族中所有列的时间戳等于指定时间戳的版本数据
     *
     * @param tablename
     * @param rowkey
     * @param columnfamily
     * @param timestamp
     */
    public static void deleteVersion(String tablename, String rowkey, String columnfamily, Long timestamp) throws IOException {
        Table table = conn.getTable(TableName.valueOf(tablename));
```

```
            Delete delete = new Delete(Bytes.toBytes(rowkey));
            delete.deleteFamilyVersion(Bytes.toBytes(columnfamily), timestamp);

            table.delete(delete);
            table.close();

            System.out.println("row" + rowkey + " is deleted");
        }
```

④ 创建 deleteFamily() 方法，删除表中指定的列族。在删除表中的列族之前，需要先禁用（disable）表，然后删除。

```
        /**
         * 删除指定列族,注意要先使用 disable 命令，修改完再使用 enable 命令
         *
         * @param tablename,
         * @param columnfamily
         *
         */
        public static void deleteFamily(String tablename, String columnfamily) throws IOException {
            Admin admin = conn.getAdmin();
            admin.disableTable(TableName.valueOf(tablename));
            HTableDescriptor table = admin.getTableDescriptor(TableName.valueOf(tablename));

            table.removeFamily(Bytes.toBytes(columnfamily));

            admin.modifyTable(TableName.valueOf(tablename), table);
            admin.enableTable(TableName.valueOf(tablename));
            System.out.println("columnfamily " + columnfamily + " is deleted");
            admin.close();
        }
```

⑤ 创建 dropTable() 方法，用于删除表。在删除表之前，需要先禁用（disable）表，然后删除。

```
        /**
         * 删除表之前,注意要先禁用 (disable) 表，否则会报错
         *
         * @param tablename
         */
        public static void dropTable(String tablename) throws IOException {
            Admin admin = conn.getAdmin();
            admin.disableTable(TableName.valueOf(tablename));
            admin.deleteTable(TableName.valueOf(tablename));
            System.out.println("Table " + tablename + " is droped");
        }
```

⑥ 运行和测试。在 main() 函数中添加代码，进行表中数据的删除，并在最后删除表。在 main() 函数中建表、插入数据、检索数据的代码前面已经运行过，可以注释掉。

```
        public static void main(String[] args) throws IOException {
            /*
```

```
        String[] col1 = new String[] { "name", "age" };
        String[] val1 = new String[] { "xx", "18" };
        String[] col2 = new String[] { "chinese", "math" };
        String[] val2 = new String[] { "60", "70" };
        createTable("student", "information", "score");
        insertData("student", "1", "information", col1, val1);
        insertData("student", "1", "information", col2, val2);
        System.out.println("+++++scantable+++++")
        scanTable("student");
        System.out.println("+++++scanrow+++++")
        scanRow("student", "1");
        System.out.println("+++++scanspecifycolumn+++++")
        scanSpecifyColumn("student", "1", "information", "chinese");
        System.out.println("+++++scanspecifytimestamp+++++")
        //1533482642629L,此处的 1533482642629 为 student 表中已有的时间戳，L 代表 Long 类型
        scanSpecifyTimestamp("student", "information", 1533482642629L);
        System.out.println("+++++scanallversion+++++")
        scanAllVersion("student", "1");
        System.out.println("+++++scanfilterage+++++")
        scanFilterAge("student", 18, 20);
        */
        deleteRow("student", "1");
        deleteCol("student", "1", "information", "chinese");
        //1533482642629L,此处的 1533482642629 为 student 表中已有的时间戳，L 代表 Long 类型
        deleteVersion("student", "1", "information", 1533482642629L);
        deleteFamily("student", "information");
        dropTable("student");
    }
```

⑦ 在 Linux 终端下启动 Hadoop 服务和 HBase 服务，进入 Hadoop 安装目录下的 sbin 目录，执行 ./start-all.sh 启动 Hadoop 服务，并通过执行 start-hbase.sh 命令启动 HBase 服务，通过 jps 查看是否启动成功。

在所有所需进程已启动的情况下，执行 main() 函数，如果出现以下结果，则说明执行成功。

```
row1 is deleted
row1 is deleted
row1 is deleted
columnfamily information is deleted
Table student is dropped
```

任务 2　从 HDFS 读取数据存储到 HBase 中

扫码观看视频

任务描述

本任务将介绍 MapReduce 框架，以 HDFS 作为数据源，使用 MapReduce 框架读取 HDFS 中的数据并存储至 HBase 的 student11 表中。

项目3 应用HBase API操作学员信息

❀任务分析

完成本任务需要编写 MapReduce 程序，自定义 Reducer 类时需要继承 TableReducer，然后在 map 和 reduce 阶段按业务逻辑要求来编写即可。

❀知识准备

1．MapReduce 简介

MapReduce 是一种由 Google 提出的分布式计算模型，主要用于搜索领域，解决海量数据的计算问题。

MapReduce 由两个阶段组成，即 map 和 reduce，用户只需实现 map() 和 reduce() 这两个函数，即可实现分布式计算。

2．HBase 与 MapReduce 集成时的情形

HBase 与 MapReduce 集成时有以下三种情形：

1）HBase 作为数据源。

2）HBase 作为数据流向。

3）HBase 作为数据源和数据流向。

(1) HBase 作为数据流向

HBase 作为数据流向时，如果要从 HDFS 向 HBase 里导入数据，可以有下列方式：

1）在 map 阶段直接调用 HBase API，往 HBase 插入数据。此时设置 reduce 任务数量为 0，并且 reduce 阶段无须输出数据，实现代码为 job.setNumReduceTasks(0)，job.setOutputFormatClass(NullOutputFormat.class)。

2）通过 TableOutputFormat 的 RecordWriter 直接往 HBase 写数据。这种方法可以在 map 阶段写入 HBase，也可以在 reduce 阶段写入（如通过 IdentityTableReducer 实现）。

3）使用 BulkLoad 批量导入，BulkLoad 使用 MapReduce 以 HBase 的内部数据格式输出表数据，然后直接将生成的存储文件加载到一个正在运行的集群中。使用 BulkLoad 批量加载将比简单地使用 HBase API 消耗更少的 CPU 和网络资源。

(2) HBase 作为数据源

HBase 作为数据源，可以使用 MapReduce 读取 HBase 表中的数据，对应的 Mapper 实现类需要继承 TableMapper 类，此类是 MapReduce 专门为读取 HBase 数据表而定制的。使用此类时，如果要设置 job 中的 Mapper 实现类，则与传统的 job.setMapperClass() 不同，需要使用 TableMapReduceUtil 类，进入 TableMapReduceUtil.initTableMapperJob() 方法中，发现有多个重载类。当用户未设置 InputFormat 时，会使用默认的 TableInputFormat 类。

❀任务实施

1) 创建 Java 工程。在 Eclipse 中的项目列表中单击鼠标右键，选择"New"→"Java Project"命令，在打开的对话框中新建一个项目"WriteDataToHBase"，如图 3-5 所示。

2）复制 HBase 安装目录下的 lib 目录下的 jar 包到 lib 文件夹。首先在项目根目录下创建一个文件夹 lib，然后把 HBase 的相关 jar 包复制到该文件中，如图 3-6 所示。

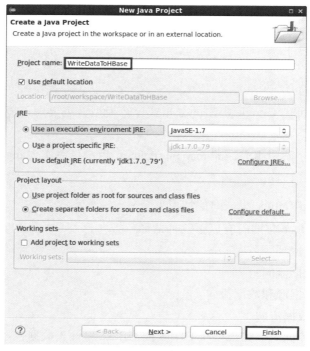

图 3-5　创建项目

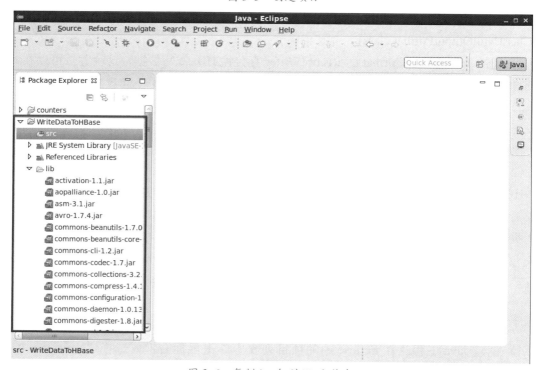

图 3-6　复制 jar 包到 lib 文件夹

3）将 lib 下所有的 jar 包导入项目环境中。首先全选 lib 文件夹下的 jar 包文件，单击鼠标右键，选择"Build Path"→"Add to Build Path"命令。添加后，发现 jar 包被引用到了工程的 Referenced Libraries 中，如图 3-7 所示。

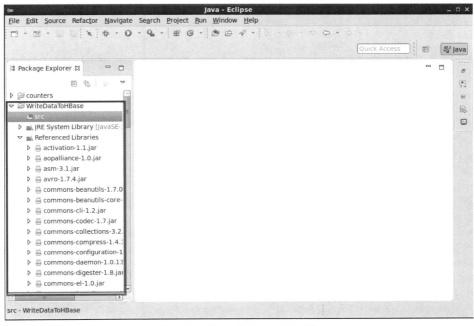

图 3-7　将 jar 包导入项目环境

4）创建用于建表的 Java 类。在项目 src 目录下单击鼠标右键，通过快捷菜单打开"New Java Class"对话框，从中创建一个类，设置文件名称为"WriteDataToHBase"，并指定包名为"com.simple"，如图 3-8 所示。

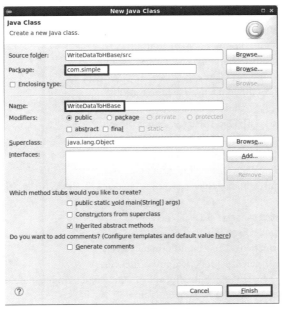

图 3-8　创建类和包

编写代码如下：

```java
package com.simple;
import java.io.IOException;
import org.apache.hadoop.conf.Configuration;
import org.apache.hadoop.conf.Configured;
import org.apache.hadoop.fs.FileSystem;
import org.apache.hadoop.fs.Path;
import org.apache.hadoop.hbase.HBaseConfiguration;
import org.apache.hadoop.hbase.client.Put;
import org.apache.hadoop.hbase.mapreduce.TableMapReduceUtil;
import org.apache.hadoop.hbase.mapreduce.TableOutputFormat;
import org.apache.hadoop.hbase.mapreduce.TableReducer;
import org.apache.hadoop.io.LongWritable;
import org.apache.hadoop.io.NullWritable;
import org.apache.hadoop.io.Text;
import org.apache.hadoop.mapreduce.Job;
import org.apache.hadoop.mapreduce.Mapper;
import org.apache.hadoop.mapreduce.lib.input.FileInputFormat;
import org.apache.hadoop.mapreduce.lib.input.TextInputFormat;
import org.apache.hadoop.mapreduce.lib.output.FileOutputFormat;
import org.apache.hadoop.util.Tool;
import org.apache.hadoop.util.ToolRunner;
public class WriteDataToHBase{
    public static void main(String[] args) throws Exception {
        Configuration conf = HBaseConfiguration.create();
        //conf.set("fs.defaultFS", "hdfs://localhost:9000");
        conf.set("hbase.rootdir", "hdfs://localhost:9000/hbase");
        conf.set("hbase.zookeeper.quorum","localhost:2181");
        conf.set(TableOutputFormat.OUTPUT_TABLE, "student");
        //System.setProperty("HADOOP_USER_NAME", "root");
        //FileSystem fs = FileSystem.get(conf);
        //conf.addResource("config/core-site.xml");
        //conf.addResource("config/hdfs-site.xml");
        Job job = Job.getInstance(conf);
        //Job job = new Job(conf,"zwx");
        TableMapReduceUtil.addDependencyJars(job);
        job.setJarByClass(WriteDataToHBase.class);
        job.setMapperClass(HDFSToHbaseMapper.class);
        job.setReducerClass(HDFSToHbaseReducer.class);
        job.setMapOutputKeyClass(Text.class);
        job.setMapOutputValueClass(NullWritable.class);
        //TableMapReduceUtil.initTableReducerJob("student11", HDFSToHbaseReducer.class, job,null,null,null,null,false);
        /*job.setOutputKeyClass(NullWritable.class);
        job.setOutputValueClass(Put.class);*/
        job.setInputFormatClass(TextInputFormat.class);
        job.setOutputFormatClass(TableOutputFormat.class);
        Path inputPath = new Path("hdfs://localhost:9000/student/input/student.txt");
        //Path outputPath = new Path("/student/output/");
        /* if(fs.exists(outputPath)) {
```

```
                fs.delete(outputPath,true);
            }*/

            FileInputFormat.addInputPath(job, inputPath);
            //FileOutputFormat.setOutputPath(job, outputPath);
            System.out.println("success");
            job.waitForCompletion(true);
        }

        public static class HDFSToHbaseMapper extends Mapper<LongWritable, Text, Text, NullWritable>{
            @Override
            protected void map(LongWritable key, Text value, Context context) throws IOException, InterruptedException {
                context.write(value, NullWritable.get());
            }
        }

        public static class HDFSToHbaseReducer extends TableReducer<Text, NullWritable, NullWritable>{
            @Override
            protected void reduce(Text key, Iterable<NullWritable> values,Context context) throws IOException, InterruptedException {
                String[] split = key.toString().split(",");
                Put put = new Put(split[0].getBytes());
                put.addColumn("info".getBytes(),"name".getBytes(), split[1].getBytes());
                put.addColumn("info".getBytes(),"sex".getBytes(), split[2].getBytes());
                put.addColumn("info".getBytes(),"age".getBytes(), split[3].getBytes());
                put.addColumn("info".getBytes(),"department".getBytes(), split[4].getBytes());
                context.write(NullWritable.get(), put);
            }
        }
    }
```

5）在 Linux 终端下启动 Hadoop 服务和 HBase 服务，通过 start-all.sh 启动 Hadoop 服务，并通过 cd /simple/hbase-0.96-2-hadoop2/bin 命令进入 HBase 的 bin 目录下 ./start-hbase.sh 启动 HBase 服务，通过 jps 命令查看是否启动成功。

6）打开一个终端，进入 /home 目录，创建一个 student.txt 文件，文件中存放如下数据：

```
10001,Jacob,m,20,CS
10002,Sophia,f,19,IS
10003,Abigail,f,22,MA
10004,jack,m,19,IS
10005,Ryan,m,18,MA
10006,Tyler,m,23,CS
10007,Sarah,f,19,MA
10008,Ella,f,18,CS
10009,Grace,f,18,MA
10010,Daniel,m,19,CS
10011,Michael,m,18,MA
10012,Mia,f,20,CS
```

```
10013,Ethan,m,21,CS
10014,Ava,f,19,CS
10015,James,m,18,MA
10017,Emma,f,18,IS
10018,Olivia,f,19,IS
10019,Emily,f,19,IS
10020,Mason,m,21,IS
10021,David,m,17,MA
10022,Oliver,m,20,MA
```

7）执行命令 hadoop fs -mkdir -p /student/input 创建目录，再执行命令 hadoop fs -put /home/student.txt /student/input 将 student.txt 文件上传至 HDFS。

8）执行代码。选中 WriteDataToHBase 类，单击鼠标右键，选择"Run as"→"Java Application"命令，执行结果如图 3-9 所示。

图 3-9　执行结果

9）查看结果。进入 HBase shell，执行命令 scan 'student'（"student"为表名），结果如下：

```
hbase(main):024:0> scan 'student'
ROW                    COLUMN+CELL
10001                  column=info:age, timestamp=1557989223140, value=20
10001                  column=info:department, timestamp=1557989223140, value=CS
10001                  column=info:name, timestamp=1557989223140, value=Jacob
10001                  column=info:sex, timestamp=1557989223140, value=m
10002                  column=info:age, timestamp=1557989223140, value=19
10002                  column=info:department, timestamp=1557989223140, value=IS
10002                  column=info:name, timestamp=1557989223140, value=Sophia
10002                  column=info:sex, timestamp=1557989223140, value=f
10003                  column=info:age, timestamp=1557989223140, value=22
10003                  column=info:department, timestamp=1557989223140, value=MA
```

10003	column=info:name, timestamp=1557989223140, value=Abigail
10003	column=info:sex, timestamp=1557989223140, value=f
10004	column=info:age, timestamp=1557989223140, value=19
10004	column=info:department, timestamp=1557989223140, value=IS
10004	column=info:name, timestamp=1557989223140, value=jack
10004	column=info:sex, timestamp=1557989223140, value=m
10005	column=info:age, timestamp=1557989223140, value=18
10005	column=info:department, timestamp=1557989223140, value=MA
10005	column=info:name, timestamp=1557989223140, value=Ryan
10005	column=info:sex, timestamp=1557989223140, value=m
10006	column=info:age, timestamp=1557989223140, value=23
10006	column=info:department, timestamp=1557989223140, value=CS
10006	column=info:name, timestamp=1557989223140, value=Tyler
10006	column=info:sex, timestamp=1557989223140, value=m
10007	column=info:age, timestamp=1557989223140, value=19
10007	column=info:department, timestamp=1557989223140, value=MA
10007	column=info:name, timestamp=1557989223140, value=Sarah
10007	column=info:sex, timestamp=1557989223140, value=f
10008	column=info:age, timestamp=1557989223140, value=18
10008	column=info:department, timestamp=1557989223140, value=CS
10008	column=info:name, timestamp=1557989223140, value=Ella
10008	column=info:sex, timestamp=1557989223140, value=f
10009	column=info:age, timestamp=1557989223140, value=18
10009	column=info:department, timestamp=1557989223140, value=MA
10009	column=info:name, timestamp=1557989223140, value=Grace
10009	column=info:sex, timestamp=1557989223140, value=f
10010	column=info:age, timestamp=1557989223140, value=19
10010	column=info:department, timestamp=1557989223140, value=CS
10010	column=info:name, timestamp=1557989223140, value=Daniel
10010	column=info:sex, timestamp=1557989223140, value=m
10011	column=info:age, timestamp=1557989223140, value=18
10011	column=info:department, timestamp=1557989223140, value=MA
10011	column=info:name, timestamp=1557989223140, value=Michael
10011	column=info:sex, timestamp=1557989223140, value=m
10012	column=info:age, timestamp=1557989223140, value=20
10012	column=info:department, timestamp=1557989223140, value=CS
10012	column=info:name, timestamp=1557989223140, value=Mia
10012	column=info:sex, timestamp=1557989223140, value=f
10013	column=info:age, timestamp=1557989223140, value=21
10013	column=info:department, timestamp=1557989223140, value=CS
10013	column=info:name, timestamp=1557989223140, value=Ethan
10013	column=info:sex, timestamp=1557989223140, value=m
10014	column=info:age, timestamp=1557989223140, value=19
10014	column=info:department, timestamp=1557989223140, value=CS
10014	column=info:name, timestamp=1557989223140, value=Ava
10014	column=info:sex, timestamp=1557989223140, value=f
10015	column=info:age, timestamp=1557989223140, value=18
10015	column=info:department, timestamp=1557989223140, value=MA
10015	column=info:name, timestamp=1557989223140, value=James

```
10015         column=info:sex, timestamp=1557989223140, value=m
10017         column=info:age, timestamp=1557989223140, value=18
10017         column=info:department, timestamp=1557989223140, value=IS
10017         column=info:name, timestamp=1557989223140, value=Emma
10017         column=info:sex, timestamp=1557989223140, value=f
10018         column=info:age, timestamp=1557989223140, value=19
10018         column=info:department, timestamp=1557989223140, value=IS
10018         column=info:name, timestamp=1557989223140, value=Olivia
10018         column=info:sex, timestamp=1557989223140, value=f
10019         column=info:age, timestamp=1557989223140, value=19
10019         column=info:department, timestamp=1557989223140, value=IS
10019         column=info:name, timestamp=1557989223140, value=Emily
10019         column=info:sex, timestamp=1557989223140, value=f
10020         column=info:age, timestamp=1557989223140, value=21
10020         column=info:department, timestamp=1557989223140, value=IS
10020         column=info:name, timestamp=1557989223140, value=Mason
10020         column=info:sex, timestamp=1557989223140, value=m
10021         column=info:age, timestamp=1557989223140, value=17
10021         column=info:department, timestamp=1557989223140, value=MA
10021         column=info:name, timestamp=1557989223140, value=David
10021         column=info:sex, timestamp=1557989223140, value=m
10022         column=info:age, timestamp=1557989223140, value=20
10022         column=info:department, timestamp=1557989223140, value=MA
10022         column=info:name, timestamp=1557989223140, value=Oliver
10022         column=info:sex, timestamp=1557989223140, value=m
21 row(s) in 0.0890 seconds
```

任务3 从 HBase 中读取数据写入 HDFS

扫码观看视频

任务描述

本任务要求基于 MapReduce 框架，以 HBase 作为数据源，使用 Java API 在 HBase 中创建 phoneurl 表并存放部分数据，使用 MapReduce 框架读取 phoneurl 表中的数据后进行处理并存储至 HDFS 上。

任务分析

HBase 作为 NoSQL 数据库，当然也可以作为数据源，此时自定义 Mapper 继承 TableMapper，实际以 Result 作为数据源，在 map 和 reduce 阶段按业务逻辑进行即可。可以作为 MapReduce 计算框架数据源的还有很多，如文本文件等。

知识准备

HBase 与 MapReduce 集成时，HBase 可以作为数据源，从 HBase 中读取数据后写入

HDFS。编写 MapReduce 程序来分析和操作 HBase 的数据源时，自定义 Mapper 类需要继承 TableMapper，以 HBase 的 Result 类型作为数据源。在 map 阶段从 HBase 中读取每行数据并转换为 Key-Value 键值对，在 reduce 阶段将需要的数据写入文件。

TableMapper 类放在 org.apache.hadoop.hbase.mapreduce 包下，是为了实现从 HBase 中读取数据而设置的，也就是说，TableMapper 是专为 HBase 定义的抽象类。TableMapper 继承自 Mapper 类。但是 Mapper 类有四个输入泛型，为何这里的 TableMapper 只有两个呢？通过源码可以看到，TableMapper 的 KEYIN、VALUEIN 分别设置为 ImmutabelBytesWriteable 和 Result 类型，所以只需要设置 KEYOUT、VALUEOUT 即可。类的原型如下：

```
public abstract class TableMapper<KEYOUT, VALUEOUT>
    extends Mapper<ImmutableBytesWriteable, Result, KEYOUT, VALUEOUT> {
}
```

任务实施

1）创建 Java 工程。在 Eclipse 中的项目列表中单击右键，选择"New"→"Java Project"命令，在弹出的对话框中新建一个项目"WriteDataToHdfs"，如图 3-10 所示。

图 3-10　创建项目

2）复制 HBase 安装目录下的 lib 目录下的 jar 包到 lib 文件夹。首先在项目根目录下创建一个文件夹 lib，然后把 HBase 的相关 jar 包复制到该文件中，如图 3-11 所示。

NoSQL数据库技术及应用

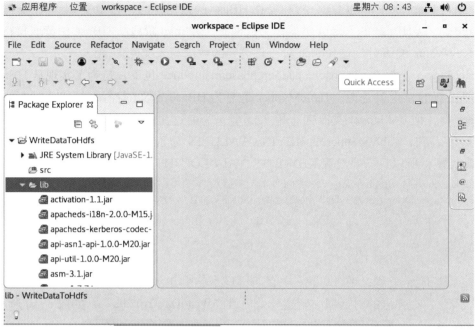

图 3-11 复制 jar 包到 lib 文件夹

3）将 lib 下所有的 jar 包导入项目环境中。首先全选 lib 文件夹下的 jar 包文件，单击鼠标右键，选择"Build Path"→"Add to Build Path"命令。添加后，发现 jar 包被引用到了工程的 Referenced Libraries 中，如图 3-12 所示。

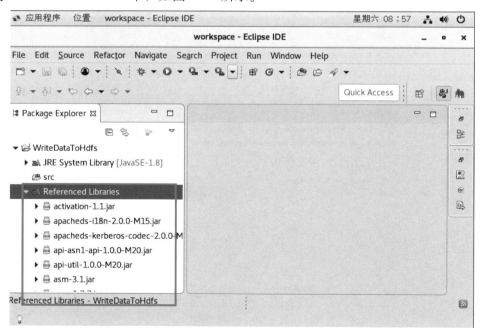

图 3-12 将 jar 包导入项目环境

4）创建用于建表的 Java 类。在项目 src 目录下单击鼠标右键，通过快捷菜单打开

"New Java Class"对话框,从中创建一个类,设置名称为"CreateTable",并指定包名为"com.simple",如图 3-13 所示。

图 3-13 创建类和包 1

编写代码如下:

package com.simple;
import java.io.IOException;
import org.apache.hadoop.conf.Configuration;
import org.apache.hadoop.hbase.HBaseConfiguration;
import org.apache.hadoop.hbase.HColumnDescriptor;
import org.apache.hadoop.hbase.HTableDescriptor;
import org.apache.hadoop.hbase.TableName;
import org.apache.hadoop.hbase.client.HBaseAdmin;
public class CreateTable {
    public static void main(String[] args) throws IOException {
        // 一、配置文件设置
        // 创建用于客户端的配置类实例
        Configuration config = HBaseConfiguration.create();
        // 设置连接 ZooKeeper 的地址
        //HBase 客户端连接的是 ZooKeeper
        config.set("hbase.zookeeper.quorum", "192.168.1.2:2181");
        // 二、表描述相关信息
        // 创建表描述器并命名表为 phoneurl

```
            HTableDescriptor tableDesc = new HTableDescriptor(TableName.valueOf("phoneurl"));
            // 创建列族描述器并命名一个列族为 baseInfo
            HColumnDescriptor columnDesc1 = new HColumnDescriptor("baseinfo");
            // 设置列族的最大版本数
            columnDesc1.setMaxVersions(5);
            // 添加一个列族给表
            tableDesc.addFamily(columnDesc1);
            // 三、实例化 HBaseAdmin，创建表
            // 根据配置文件创建 HBaseAdmin 对象
            HBaseAdmin hbaseAdmin = new HBaseAdmin(config);
            // 创建表
            hbaseAdmin.createTable(tableDesc);
            // 四、释放资源
            hbaseAdmin.close();
        }
}
```

5）创建用于添加测试数据的 Java 类。在项目 src 目录下单击鼠标右键，通过快捷菜单打开"New Java Class"对话框，从中创建一个类，设置名称为"PutData"，并指定包名为"com.simple"，如图 3-14 所示。

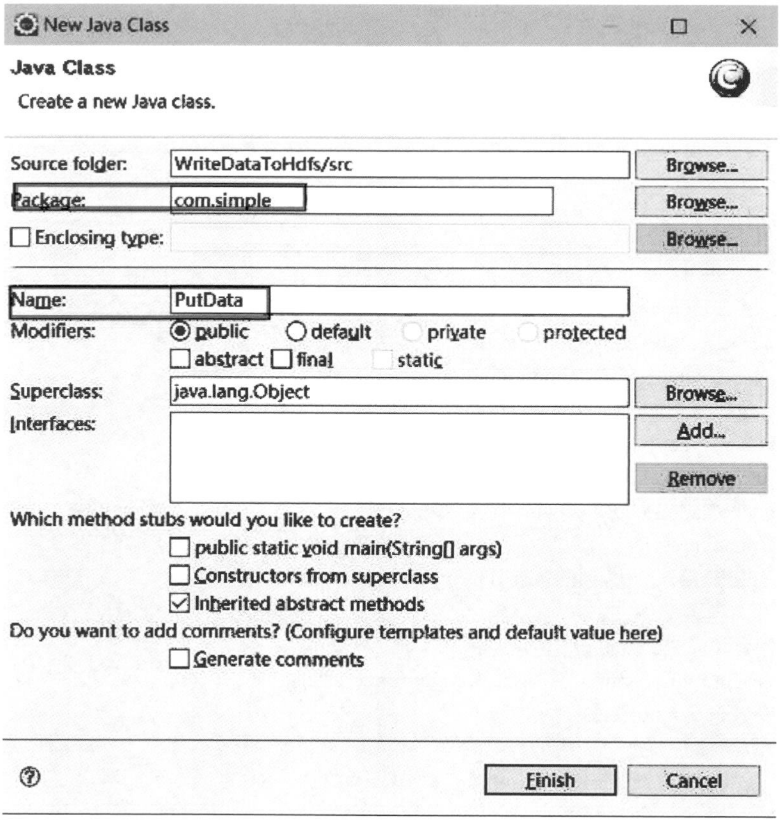

图 3-14 创建类和包 2

编写代码如下:

```java
package com.simple;
import java.io.IOException;
import java.util.ArrayList;
import java.util.List;
import org.apache.hadoop.conf.Configuration;
import org.apache.hadoop.hbase.HBaseConfiguration;
import org.apache.hadoop.hbase.client.HTable;
import org.apache.hadoop.hbase.client.Put;
import org.apache.hadoop.hbase.util.Bytes;
public class PutData {
    public static void main(String[] args) throws IOException {
        // 一、配置文件设置
        // 创建用于客户端的配置类实例
        Configuration config = HBaseConfiguration.create();
        // 设置连接 ZooKeeper 的地址
        // HBase 客户端连接的是 ZooKeeper
        config.set("hbase.zookeeper.quorum", "192.168.1.2:2181");
        // 二、获得要操作的表的对象
        // 第一个参数 "config" 为配置文件；第二个参数 "phoneurl" 为数据库中的表名
        HTable table = new HTable(config, "phoneurl");
        // 三、设置 Put 对象
        // 设置行键值；设置列族、列、Cell 值
        Put put1 = new Put(Bytes.toBytes("21347894317"));
        put1.add(Bytes.toBytes("baseinfo"), Bytes.toBytes("url"),
                Bytes.toBytes("www.so.com"));
        Put put2 = new Put(Bytes.toBytes("21347894318"));
        put2.add(Bytes.toBytes("baseinfo"), Bytes.toBytes("url"),
                Bytes.toBytes("www.ifeng.com"));
        Put put3 = new Put(Bytes.toBytes("21347894319"));
        put3.add(Bytes.toBytes("baseinfo"), Bytes.toBytes("url"),
                Bytes.toBytes("www.bing.com"));
        // 四、构造 List<Put>
        List<Put> listPut = new ArrayList<Put>();
        listPut.add(put1);
        listPut.add(put2);
        listPut.add(put3);
        // 五、插入多行数据
        table.put(listPut);
        // 六、释放资源
        table.close();
    }
}
```

6) 创建用于将数据写入 HDFS 的 Java 类。在项目 src 目录下单击鼠标右键，通过快捷菜单打开"New Java Class"对话框，从中创建一个类，设置名称为"WriteDataToHdfs"，

并指定包名为"com.simple",如图 3-15 所示。

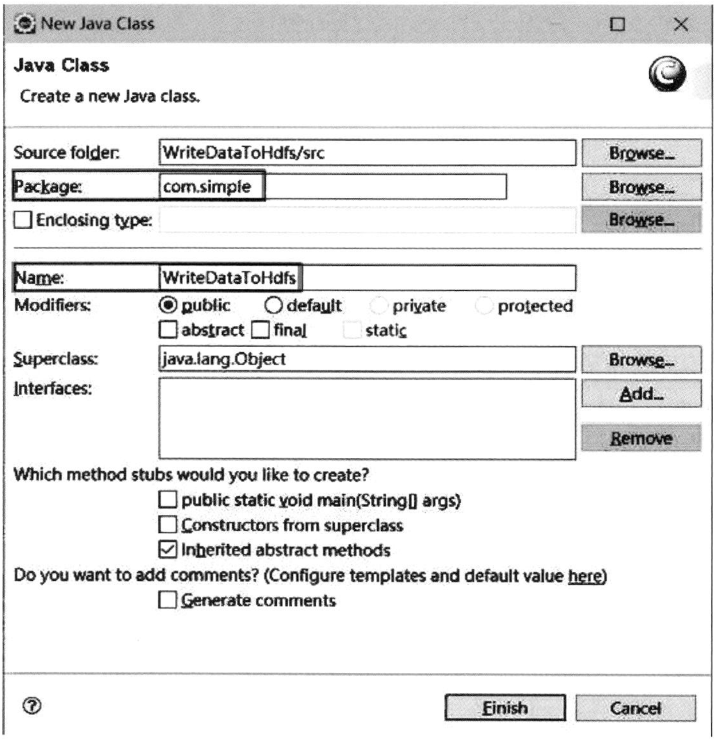

图 3-15 创建类和包 3

代码如下:

```
package com.simple;
import java.io.IOException;
import org.apache.hadoop.conf.Configuration;
import org.apache.hadoop.fs.Path;
import org.apache.hadoop.hbase.HBaseConfiguration;
import org.apache.hadoop.hbase.client.Result;
import org.apache.hadoop.hbase.client.Scan;
import org.apache.hadoop.hbase.io.ImmutableBytesWritable;
import org.apache.hadoop.hbase.mapreduce.TableMapReduceUtil;
import org.apache.hadoop.hbase.mapreduce.TableMapper;
import org.apache.hadoop.io.NullWritable;
import org.apache.hadoop.io.Text;
import org.apache.hadoop.mapreduce.Job;
import org.apache.hadoop.mapreduce.Reducer;
import org.apache.hadoop.mapreduce.lib.output.FileOutputFormat;
public class WriteDataToHdfs {
    /**
     * HBase 表名
     */
    public static String tableName = "phoneurl";
    /**
```

```java
 * HdfsSinkMapper 继承自 TableMapper，TableMapper 继承自 Mapper 类
 */
static class HdfsSinkMapper extends TableMapper<Text, NullWritable>{
    /*
     * map <br/>
     * 得到一行的内容。<br/>
     * 参数 key 代表 HBase 行键；参数 result 代表一行字段的值。<br/>
     * 21347894317 www.so.com <br/>
     * 21347894318 www.ifeng.com <br/>
     * 21347894319 www.bing.com <br/>
     */
    @Override
    protected void map(ImmutableBytesWritable key, Result value, Context context) throws IOException, InterruptedException {
        //HBase 的 Row Key
        // 获取 Key 的内容
        byte[] bytes = key.copyBytes();
        //rowkey 是手机号
        // 将 Key 转换为 String
        String  phone = new String(bytes);
        //value 为 url 字段，属于行键 baseinfo
        // 根据列族名和列名获取列值
        byte[] urlbytes = value.getValue("baseinfo".getBytes(), "url".getBytes());
        // 将列值转换为 String
        String  url = new String(urlbytes);
        // 将一行数据写出去
        context.write(new Text(phone + "\t" + url), NullWritable.get());
    }
}
/**
 * reduce <br/>
 * reduce 中没有任何操作，也就是把 map 中的一行数据继续写出去
 */
static class HdfsSinkReducer extends Reducer<Text, NullWritable, Text, NullWritable>{
    @Override
    protected void reduce(Text key, Iterable<NullWritable> values, Context context) throws IOException, InterruptedException {
        context.write(key, NullWritable.get());
    }
}
public static void main(String[] args) throws Exception {
    // 配置文件设置，创建用于客户端的配置类实例
    Configuration  conf = HBaseConfiguration.create();
    // 设置连接 ZooKeeper 的地址
    conf.set("hbase.zookeeper.quorum", "192.168.1.2:2181");
    // 获取 Job 实例
    Job  job = Job.getInstance(conf);
    // 为 Job 设置 HBaseReader
    job.setJarByClass(WriteDataToHdfs.class);
```

```
        Scan scan = new Scan();
        // 设置 Mapper
        // 第一个参数为表名；第二个参数为 scan，用于写表中所有的数据，所以可以指定起始的行
键范围；第三个参数为 Mapper 类；第四个参数为输出的 keyclass；第五个参数为输出的 valueclass
            TableMapReduceUtil.initTableMapperJob(tableName, scan, HdfsSinkMapper.class, Text.class,
NullWritable.class, job);
        // 设置 reducer
        job.setReducerClass(HdfsSinkReducer.class);
        // 设置 OutputFormat 的输出路径
        FileOutputFormat.setOutputPath(job, new Path("/simple/output"));
        // 设置 reducer 的 OutputKey Class
        job.setOutputKeyClass(Text.class);
        // 设置 reducer 的 OutputValue Class
        job.setOutputValueClass(NullWritable.class);
        job.waitForCompletion(true);
    }
}
```

7）通过 start-all.sh 启动 Hadoop 服务，并通过 cd /simple/hbase-0.96-2-hadoop2/bin 命令进入 HBase 的 bin 目录下使用 ./start-hbase.sh 启动 HBase 服务，通过 jps 命令查看是否启动成功。

8）执行代码。选择类 CreateTable，单击鼠标右键，选择"Run as"→"Java Application"命令，程序将执行，会完成对表的建立。通过 ./hbase shell 命令进入 HBase shell，通过 list 查看是否创建成功，如图 3-16 所示。

图 3-16　查看所有表

9）执行代码。选择类 PutData，单击鼠标右键，选择"Run as"→"Java Application"命令，程序将执行，会完成向表中插入数据。通过 scan 'phoneurl' 查看数据是否插入成功，如图 3-17 所示。

项目3
应用HBase API操作学员信息

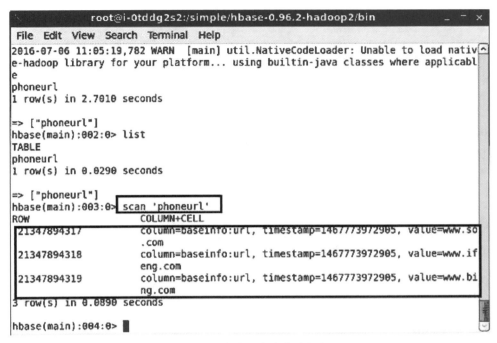

图 3-17　查看指定表中的数据

10）执行代码。选择类 WriteDataToHdfs，单击鼠标右键，选择"Run as"→"Java Application"命令，程序将执行，向 HDFS 中写入表中的数据。使用 cd /simple 或 cd output 命令查看是否写入数据成功，如图 3-18 所示。

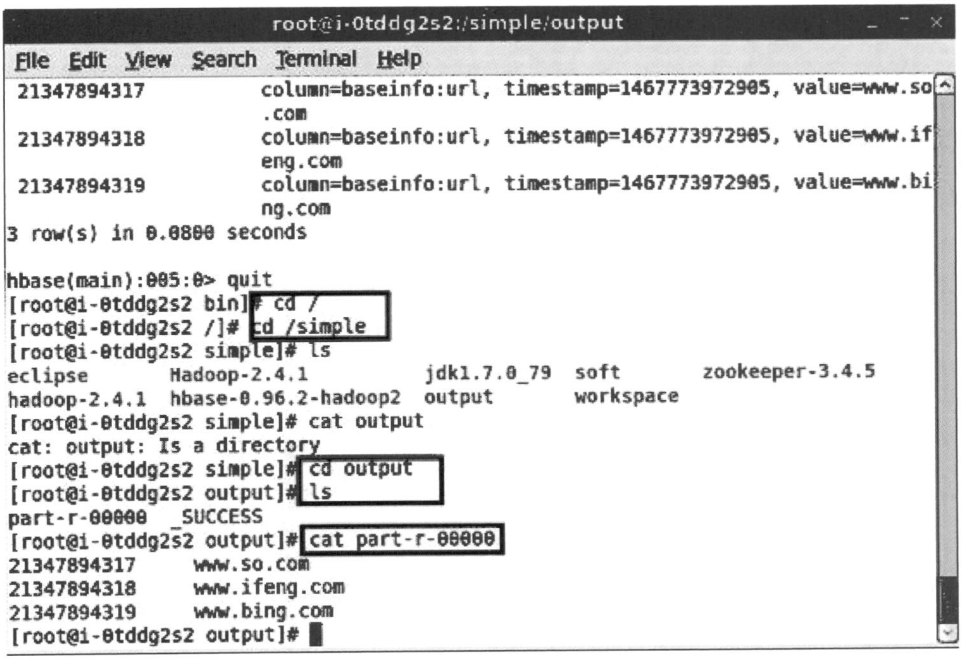

图 3-18　代码执行结果

项 目 小 结

本项目主要介绍了对 HBase 中的数据进行增删改查的操作，同时介绍了使用 MapReduce 框架与 HBase 整合的方式进行编程的实践操作，为后面更加深入地应用 HBase 打下基础。

项 目 拓 展

1．通过本项目介绍的多种查看数据方式使用 Java API 查看 student 表中的数据。
2．使用 MapReduce 框架读取 student 表中的数据并存储至新表 student_copy 中。

Project 4

项目4
应用HBase高级特性优化设计和查询

项目概述

本项目向读者展示通过 HBase 的过滤器来提供非常强大的数据处理效果。HBase 中的过滤器不仅可以使用已预定义好的，还可以进行自定义。本项目将初步介绍 HBase 中表结构的行键设计、HBase 表结构设计等。行键设计关系到数据存放位置，而数据的存放位置关系到查询效率。本项目最后介绍了使用 HBase 中的计数器操作优化数据存储的方式。

学习目标：

- 理解 HBase 过滤器的概念和使用场景；
- 掌握 HBase Java API 开发环境；
- 掌握使用 SingleColumnValueFilter 查询列值；
- 掌握使用 PageFilter 进行分页查询操作；
- 掌握 HBase 计数器的基本操作和常用 API 操作；
- 了解如何根据业务来设计高效的行键。

项目4 应用HBase高级特性优化设计和查询

任务1 查询及过滤账户信息

扫码观看视频

任务描述

首先在 Eclipse 中使用 Java API 进行通信运营商用户账号表（account3 表）的创建和使用 Put 类向表中插入数据，然后按要求使用过滤器对表中的数据进行查询和过滤。综合应用 HBase 众多专用过滤器中的两个过滤器（SingleColumnValueFilter 和 PageFilter）的使用条件，使用常用的比较运算符和比较器，完成账户数据的查询和过滤。

任务分析

HBase 中直接查询出来的数据中有很多冗余数据，并非所需数据。为了获取简单可用的所需数据，需要使用各种内置过滤器和自定义过滤器，本任务中使用 SingleColumnValueFilter 和 PageFilter 对 account3 表中的数据进行处理。先使用 SingleColumnValueFilter 查询出列 baseinfo:name 的值等于 JiKang3 的所有数据；再查询出指定列的值以指定字符开始所有行，对于数值条件，查询大于指定字符的数据，使用 PageFilter 对查询到的数据进行分页显示，使展示更加清晰。

本任务需要使用的环境基础见表 4-1。

表 4-1 本任务所需的环境基础

编号	软件基础	说明
1	操作系统	CentOS 7，主机名 node1
2	Java 编译器	JDK1.8
3	伪分布式 Hadoop 平台	hadoop-2.7.3
4	伪分布式 HBase 平台	HBase
5	IDE	Eclipse
6	分布式应用程序协调服务	ZooKeeper

知识准备

HBase 中主要进行数据读取的两种方式为 get() 和 scan()，它们都支持直接访问数据和通过制定起止行键的方式来访问数据。当然，用户可以在查询中添加更多的限制条件来细化查询的数据，这些限制条件可以是列族、列、时间戳等维度。

SingleColumnValueFilter 是用来对列进行过滤的，PageFilter 是用来进行分页查询及过滤的。比较运算符见表 4-2。

表 4-2 比较运算符

比较运算符	描述
LESS	小于
LESS_OR_EQUAL	小于或等于
EQUAL	等于
NOT_EQUAL	不等于
GREATER_OR_EQUAL	大于或等于
GREATER	大于
NO_OP	排除所有

比较器见表 4-3。

表 4-3 比较器

比较器	描述
BinaryComparator	使用 Bytes.compareTo() 比较
BinaryPrefixComparator	和 BinaryComparator 差不多，从前面开始比较
NullComparator	比较给定的值是否为空（null）
BitComparator	执行逐位比较，为 Bitwise Op 类提供 AND、OR 和 XOR 运算符
RegexStringComparator	正则表达式
SubstringComparator	把数据当成字符串，用 contains() 来判断

任务实施

1）创建 Java 工程。在 Eclipse 中的项目列表中单击鼠标右键，选择"New"→"Java Project"命令，在弹出的对话框中新建一个项目"SingleColumnValueFilter"，如图 4-1 所示。

2）创建 Java 类。在项目 src 目录下单击鼠标右键，通过快捷菜单打开"New Java Class"对话框，从中创建一个类，设置名称为"SingleColumnValueFilterTest"，并指定包名为"com.simple.filter"，如图 4-2 所示。

3）复制 HBase 的相关 jar 包到 lib 文件夹。在编写"SingleColumnValueFilterTest"类之前需要把 HBase 安装目录中 lib 目录下的 jar 包导入进来，首先在项目根目录下创建一个文件夹 lib，然后把 HBase 的相关 jar 包复制到该文件中，如图 4-3 所示。

项目4
应用HBase高级特性优化设计和查询

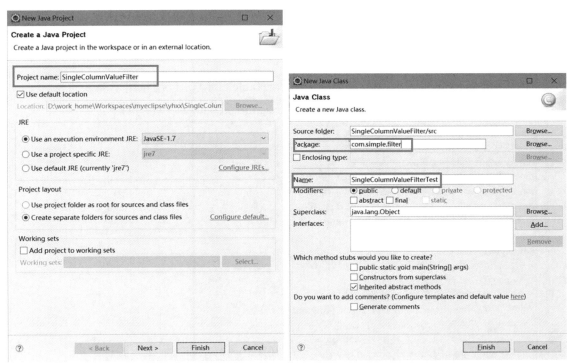

图 4-1 创建项目 　　　　　　　　图 4-2 创建所需的类和包

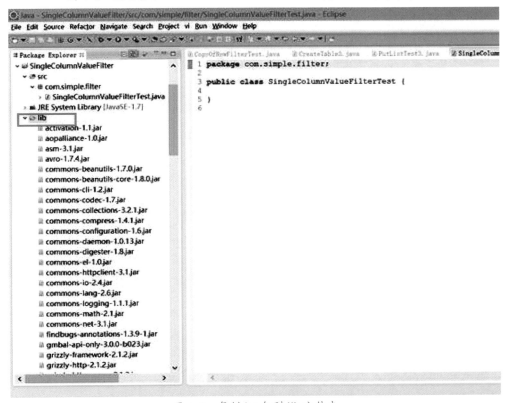

图 4-3 复制 jar 包到 lib 文件夹

4）将 lib 下所有的 jar 包导入项目环境中。首先全选 lib 文件夹下的 jar 包文件，单击鼠标右键，选择"Build Path"→"Add to Build Path"命令。添加后，发现 jar 包被引用到了工程的 Referenced Libraries 中。

5）在 com.simple.filter 包中创建名称为 CreateTable3 的类，以准备用于测试的表。

创建表 account3，含有两个列族，分别是 baseinfo、contacts，代码如下：

```java
package com.simple.filter;
import java.io.IOException;
import org.apache.hadoop.conf.Configuration;
import org.apache.hadoop.hbase.HBaseConfiguration;
import org.apache.hadoop.hbase.HColumnDescriptor;
import org.apache.hadoop.hbase.HTableDescriptor;
import org.apache.hadoop.hbase.TableName;
import org.apache.hadoop.hbase.client.HBaseAdmin;
public class CreateTable3 {
    public  static void main(String[] args) throws IOException {
        // 一、配置文件设置
        // 创建用于客户端的配置类实例
        Configuration  config = HBaseConfiguration.create();
        // 设置连接 ZooKeeper 的地址
        //HBase 客户端连接的是 ZooKeeper
        config.set("hbase.zookeeper.quorum", "192.168.1.2:2181");
        // 二、表描述相关信息
        // 创建表描述器并命名表为 account3
        HTableDescriptor  tableDesc = new HTableDescriptor(TableName.valueOf("account3"));
        // 创建列族描述器并命名一个列族为 contacts
        HColumnDescriptor  columnDesc1 = new HColumnDescriptor("baseinfo");
        // 设置列族的最大版本数
        columnDesc1.setMaxVersions(5);
        // 创建列族描述器并命名一个列族为 contacts
        HColumnDescriptor  columnDesc2 = new HColumnDescriptor("contacts");
        // 设置列族的最大版本数
        columnDesc2.setMaxVersions(3);
        // 添加一个列族给表
        tableDesc.addFamily(columnDesc1);
        // 添加一个列族给表
        tableDesc.addFamily(columnDesc2);
        // 三、实例化 HBaseAdmin, 创建表
        // 根据配置文件创建 HBaseAdmin 对象
        HBaseAdmin  hbaseAdmin = new HBaseAdmin(config);
        // 创建表
        hbaseAdmin.createTable(tableDesc);
        // 四、释放资源
        hbaseAdmin.close();
    }
}
```

6）在 com.simple.filter 包中创建名称为 PutListTest3 的类，以准备用于测试的数据。

向表 account3 中插入八条数据，行键从 rk01 到 rk08。列 baseinfo:name 的值为从 JiKang1 到 JiKang8，列 baseinfo:age 的值为数字，列 contacts:address 存储省＋城市名称。

```java
package com.simple.filter;
import java.io.IOException;
import java.util.ArrayList;
import java.util.List;
import org.apache.hadoop.conf.Configuration;
import org.apache.hadoop.hbase.HBaseConfiguration;
import org.apache.hadoop.hbase.client.HTable;
import org.apache.hadoop.hbase.client.Put;
import org.apache.hadoop.hbase.util.Bytes;
public class PutListTest3 {
    public static void main(String[] args)  throws IOException {
        // 一、配置文件设置
        // 创建用于客户端的配置类实例
        Configuration config = HBaseConfiguration.create();
        // 设置连接 ZooKeeper 的地址
        // HBase 客户端连接的是 ZooKeeper
        config.set("hbase.zookeeper.quorum", "192.168.1.2:2181");
        // 二、获得要操作的表的对象
        // 第一个参数 "config" 为配置文件；第二个参数 "account3" 为数据库中的表名
        // 注："account3" 为项目 3 中所创建的表
        HTable table = new  HTable(config, "account3");
        // 三、设置 Put 对象
        // 设置行键值；设置列族、列、Cell 值
        Put put1 = new  Put(Bytes.toBytes("rk01"));
        put1.add(Bytes.toBytes("baseinfo"), Bytes.toBytes("name"),
                Bytes.toBytes("JiKang1"));
        put1.add(Bytes.toBytes("baseinfo"), Bytes.toBytes("age"),
                Bytes.toBytes("33"));
        put1.add(Bytes.toBytes("contacts"), Bytes.toBytes("address"),
                Bytes.toBytes(" 北京通州 "));
        // 设置行键值；设置列族、列、Cell 值
        Put put2 = new  Put(Bytes.toBytes("rk02"));
        put2.add(Bytes.toBytes("baseinfo"), Bytes.toBytes("name"),
                Bytes.toBytes("JiKang2"));
        put2.add(Bytes.toBytes("baseinfo"), Bytes.toBytes("age"),
                Bytes.toBytes("26"));
        put2.add(Bytes.toBytes("contacts"), Bytes.toBytes("address"),
                Bytes.toBytes(" 上海浦东 "));
        // 设置行键值；设置列族、列、Cell 值
        Put put3 = new  Put(Bytes.toBytes("rk03"));
        put3.add(Bytes.toBytes("baseinfo"), Bytes.toBytes("name"),
                Bytes.toBytes("JiKang3"));
        put3.add(Bytes.toBytes("baseinfo"), Bytes.toBytes("age"),
                Bytes.toBytes("89"));
        put3.add(Bytes.toBytes("contacts"), Bytes.toBytes("address"),
                Bytes.toBytes(" 甘肃兰州 "));
        // 设置行键值；设置列族、列、Cell 值
        Put put4 = new  Put(Bytes.toBytes("rk04"));
        put4.add(Bytes.toBytes("baseinfo"), Bytes.toBytes("name"),
                Bytes.toBytes("JiKang4"));
        put4.add(Bytes.toBytes("baseinfo"), Bytes.toBytes("age"),
```

```
        Bytes.toBytes("23"));
put4.add(Bytes.toBytes("contacts"), Bytes.toBytes("address"),
        Bytes.toBytes(" 河北沧州 "));
// 设置行键值；设置列族、列、Cell 值
Put put5 = new  Put(Bytes.toBytes("rk05"));
put5.add(Bytes.toBytes("baseinfo"), Bytes.toBytes("name"),
        Bytes.toBytes("JiKang5"));
put5.add(Bytes.toBytes("baseinfo"), Bytes.toBytes("age"),
        Bytes.toBytes("90"));
put5.add(Bytes.toBytes("contacts"), Bytes.toBytes("address"),
        Bytes.toBytes(" 天津滨海 "));
// 设置行键值；设置列族、列、Cell 值
Put put6 = new  Put(Bytes.toBytes("rk06"));
put6.add(Bytes.toBytes("baseinfo"), Bytes.toBytes("name"),
        Bytes.toBytes("JiKang6"));
put6.add(Bytes.toBytes("baseinfo"), Bytes.toBytes("age"),
        Bytes.toBytes("55"));
put6.add(Bytes.toBytes("contacts"), Bytes.toBytes("address"),
        Bytes.toBytes(" 河南郑州 "));
// 设置行键值；设置列族、列、Cell 值
Put put7 = new  Put(Bytes.toBytes("rk07"));
put7.add(Bytes.toBytes("baseinfo"), Bytes.toBytes("name"),
        Bytes.toBytes("JiKang7"));
put7.add(Bytes.toBytes("baseinfo"), Bytes.toBytes("age"),
        Bytes.toBytes("15"));
put7.add(Bytes.toBytes("contacts"), Bytes.toBytes("address"),
        Bytes.toBytes(" 甘肃天水 "));
// 设置行键值；设置列族、列、Cell 值
Put put8 = new  Put(Bytes.toBytes("rk08"));
put8.add(Bytes.toBytes("baseinfo"), Bytes.toBytes("name"),
        Bytes.toBytes("JiKang8"));
put8.add(Bytes.toBytes("baseinfo"), Bytes.toBytes("age"),
        Bytes.toBytes("25"));
put8.add(Bytes.toBytes("contacts"), Bytes.toBytes("address"),
        Bytes.toBytes(" 西藏拉萨 "));
// 四、构造 List<Put>
List<Put>  listPut = new ArrayList<Put>();
listPut.add(put1);
listPut.add(put2);
listPut.add(put3);
listPut.add(put4);
listPut.add(put5);
listPut.add(put6);
listPut.add(put7);
listPut.add(put8);
// 五、插入多行数据
table.put(listPut);
// 六、释放资源
table.close();
    }
}
```

项目4 应用HBase高级特性优化设计和查询

7）在 Linux 终端下启动 Hadoop 服务和 HBase 服务，通过 start-all.sh 启动 Hadoop 服务，通过 cd /simple/hbase-0.96-2-hadoop2/bin 命令进入 HBase 的 bin 目录下使用 ./start-hbase.sh 启动 HBase 服务，通过 jps 命令查看是否启动成功。

8）先后运行创建表和创建数据的类。

9）在 com.simple.filter 包中创建名称为 SingleColumnValueFilterTest 的类，在该类中编写 SingleColumnValueFilter 过滤器程序。

编写代码如下：

```java
package com.simple.filter;
import java.io.IOException;
import org.apache.hadoop.conf.Configuration;
import org.apache.hadoop.hbase.HBaseConfiguration;
import org.apache.hadoop.hbase.client.HTable;
import org.apache.hadoop.hbase.client.Result;
import org.apache.hadoop.hbase.client.ResultScanner;
import org.apache.hadoop.hbase.client.Scan;
import org.apache.hadoop.hbase.filter.BinaryPrefixComparator;
import org.apache.hadoop.hbase.filter.CompareFilter;
import org.apache.hadoop.hbase.filter.FilterList;
import org.apache.hadoop.hbase.filter.SingleColumnValueFilter;
import org.apache.hadoop.hbase.filter.CompareFilter.CompareOp;
import org.apache.hadoop.hbase.util.Bytes;
public class SingleColumnValueFilterTest {
    public void testRowFilter() throws IOException {
        // 一、配置文件设置
        // 创建用于客户端的配置类实例
        Configuration config = HBaseConfiguration.create();
        // 设置连接 ZooKeeper 的地址
        // HBase 客户端连接的是 ZooKeeper
        config.set("hbase.zookeeper.quorum", "192.168.0.131:2181");
        // 二、获得要操作的表的对象
        // 第一个参数 "config" 为配置文件；第二个参数 "account3" 为数据库中的表名
        HTable table = new HTable(config, "account3");
        // 三、创建 Scan 对象
        Scan scan = new Scan();
        // 四 -1、查询列 baseinfo:name 的值等于 "JiKang3" 的数据
        System.out.println(" 列 baseinfo:name 的值等于 JiKang3 的数据 ");
        // 创建 FilterList 对象
        FilterList filterList1 = new FilterList();
        // 设置过滤器。第一个参数为列族名称；第二个参数为列名称；第三个参数为 CompareOp；第四个参数为要设置的条件的值
        SingleColumnValueFilter singleColumnValueFilter1 = new SingleColumnValueFilter(
            Bytes.toBytes("baseinfo"), Bytes.toBytes("name"),
            CompareOp.EQUAL, Bytes.toBytes("JiKang3"));
        // 将 SingleColumnValueFilter 对象添加到 FilterList
        filterList1.addFilter(singleColumnValueFilter1);
        // 将 FilterList 对象设置到 scan
        scan.setFilter(filterList1);
```

```java
// scan.addColumn(b_family, b_qual);
ResultScanner scanner1 = table.getScanner(scan);
// 遍历结果
for (Result res : scanner1) {
    System.out.println(" 姓名 ==>"
        + Bytes.toString(res.getValue(Bytes.toBytes("baseinfo"),
            Bytes.toBytes("name")))
        + "；地址 ==>"
        + Bytes.toString(res.getValue(Bytes.toBytes("contacts"),
            Bytes.toBytes("address")))
        + "；年龄 ==>"
        + Bytes.toString(res.getValue(Bytes.toBytes("baseinfo"),
            Bytes.toBytes("age")))
    );
}
// 释放 ResultScanner 资源
scanner1.close();
// 四-2、查询列 contacts:address 的值以 " 甘肃 " 开头的数据
System.out.println(" 列 contacts:address 的值以甘肃开头的数据 ");
// 创建 FilterList 对象
FilterList filterList2 = new FilterList();
// 设置过滤器。第一个参数为列族名称；第二个参数为列名称；第三个参数为 CompareOp；第四个参数为要设置的条件的值
SingleColumnValueFilter singleColumnValueFilter2 = new SingleColumnValueFilter(
    Bytes.toBytes("contacts"), Bytes.toBytes("address"),
    CompareFilter.CompareOp.EQUAL, new BinaryPrefixComparator(
        Bytes.toBytes(" 甘肃 ")));
// 将 SingleColumnValueFilter 对象添加到 FilterList
filterList2.addFilter(singleColumnValueFilter2);
// 将 FilterList 对象设置到 scan
scan.setFilter(filterList2);
// scan.addColumn(b_family, b_qual);
ResultScanner scanner2 = table.getScanner(scan);
// 遍历结果
for (Result res : scanner2) {
    System.out.println(" 姓名 ==>"
        + Bytes.toString(res.getValue(Bytes.toBytes("baseinfo"),
            Bytes.toBytes("name")))
        + "；地址 ==>"
        + Bytes.toString(res.getValue(Bytes.toBytes("contacts"),
            Bytes.toBytes("address")))
        + "；年龄 ==>"
        + Bytes.toString(res.getValue(Bytes.toBytes("baseinfo"),
            Bytes.toBytes("age")))
    );
}
// 释放 ResultScanner 资源
scanner2.close();
```

```java
            // 四-3、查询列 baseinfo:age 的值大于 30 的数据
            System.out.println(" 列 baseinfo:age 的值大于 30 的数据 ");
            // 创建 FilterList 对象
            FilterList filterList3 = new FilterList();
            // 设置过滤器。第一个参数为列族名称；第二个参数为列名称；第三个参数为 CompareOp；第四个参数为要设置的条件的值。
            SingleColumnValueFilter singleColumnValueFilter3 = new SingleColumnValueFilter(
                Bytes.toBytes("baseinfo"), Bytes.toBytes("age"),
                CompareOp.GREATER, Bytes.toBytes("30"));
            // 将 SingleColumnValueFilter 对象添加到 FilterList
            filterList3.addFilter(singleColumnValueFilter3);
            // 将 FilterList 对象设置到 scan
            scan.setFilter(filterList3);
            // scan.addColumn(b_family, b_qual);
            ResultScanner scanner3 = table.getScanner(scan);
            // 遍历结果
            for (Result res : scanner3) {
                System.out.println(" 姓名 ==>"
                    + Bytes.toString(res.getValue(Bytes.toBytes("baseinfo"),
                        Bytes.toBytes("name")))
                    + "；地址 ==>"
                    + Bytes.toString(res.getValue(Bytes.toBytes("contacts"),
                        Bytes.toBytes("address")))
                    + "；年龄 ==>"
                    + Bytes.toString(res.getValue(Bytes.toBytes("baseinfo"),
                        Bytes.toBytes("age")))
                );
            }
            // 释放 ResultScanner 资源
            scanner3.close();
            // 五、释放 HTable 资源
            table.close();
    }
    /**
     * @param args
     * @throws IOException
     */
    public static void main(String[] args) throws IOException {
        // 创建测试类实例
        SingleColumnValueFilterTest test = new SingleColumnValueFilterTest();
        // 调用测试代码
        test.testRowFilter();
    }
}
```

10) 在 com.simple.filter 包中创建名称为 PageFilterTest 的类，在该类中编写 PageFilter 过滤器程序。

编写代码如下：

```java
package com.simple.filter;
import java.io.IOException;
import org.apache.hadoop.conf.Configuration;
import org.apache.hadoop.hbase.HBaseConfiguration;
import org.apache.hadoop.hbase.client.HTable;
import org.apache.hadoop.hbase.client.Result;
import org.apache.hadoop.hbase.client.ResultScanner;
import org.apache.hadoop.hbase.client.Scan;
import org.apache.hadoop.hbase.filter.Filter;
import org.apache.hadoop.hbase.filter.PageFilter;
import org.apache.hadoop.hbase.util.Bytes;
public class PageFilterTest {
    public void testFilter() throws IOException {
        // 一、配置文件设置
        // 创建用于客户端的配置类实例
        Configuration config = HBaseConfiguration.create();
        // 设置连接 ZooKeeper 的地址
        // HBase 客户端连接的是 ZooKeeper
        config.set("hbase.zookeeper.quorum", "192.168.1.2:2181");
        // 二、获得要操作的表的对象
        // 第一个参数 "config" 为配置文件；第二个参数 " account3. 为数据库中的表名
        HTable table = new HTable(config, "account3");
        // 三、创建 Scan 对象
        // 1．创建过滤器 PageFilter。该过滤器表示按行分页。参数 3 表示每个分页有三行记录
        Filter filter = new PageFilter(3);
        // POSTFIX=0
        final byte[] POSTFIX = new byte[] { 0x00 };
        int totalRows = 0;
        byte[] lastRow = null;
        // 2．进入循环。为了演示效果，这里遍历所有符合条件的数据，需要循环输出
        while (true) {
            // 3．初始化 Scan 实例。该实例用于查询符合条件的数据
            Scan scan = new Scan();
            // 4．设置过滤器。将前面创建好的分页过滤器设置到 Scan 实例中
            scan.setFilter(filter);
            // 5．设置遍历的开始位置。即表示开始的行键位置，如果是第一次循环（即第一页），则不进入该语句块
            if(lastRow != null){
                // 注意，这里添加了 POSTFIX 操作，不然就死循环了
                byte[] startRow = Bytes.add(lastRow, POSTFIX);
                System.out.println("start row:"+Bytes.toStringBinary(startRow));
                scan.setStartRow(startRow);
            }
            // 6．执行查询。使用 HTable 实例执行扫描查询，将扫描结果输出，并且给行键遍历赋值
            ResultScanner scanner = table.getScanner(scan);
            int localRows = 0;
            Result result;
            // 输出一页的结果
            while((result = scanner.next()) != null){
```

```
            //System.out.println(localRows++ + ":" + result);
            System.out.println(result+"==>"+Bytes.toString(result.getValue(Bytes.toBytes("baseinfo"),
Bytes.toBytes("name")))
            +"==>"+Bytes.toString(result.getValue(Bytes.toBytes("contacts"), Bytes.toBytes("address"))));
            totalRows ++;
            localRows ++;//
            lastRow = result.getRow();
        }
        System.out.println("");
        // 7．关闭 ResultScanner 实例
        scanner.close();
        // 8．跳出循环条件
        if(localRows == 0) break;
    }
    System.out.println("total rows:" + totalRows);
    // 四、释放 HTable 资源
    table.close();
}
/**
 * @param args
 * @throws IOException
 */
public static void main(String[] args) throws IOException {
    // 创建测试类实例
    PageFilterTest  test = new PageFilterTest();
    // 调用测试代码
    test.testFilter();
}
}
```

11）执行 SingleColumnValueFilter 过滤器代码。选中测试类 SingleColumnValueFilter Test，单击鼠标右键，选择"Run as"→"Java Application"命令，程序将执行。查看控制台打印的日志，可以查看到执行结果，如图 4-4 所示。

```
列baseinfo:name的值等于JiKang3的数据
姓名==>JiKang3，地址==>甘肃兰州，年龄==>89
列contacts:address的值以甘肃开头的数据
姓名==>JiKang3，地址==>甘肃兰州，年龄==>89
姓名==>JiKang7，地址==>甘肃天水，年龄==>15
列baseinfo:age的值大于30的数据
姓名==>JiKang1，地址==>北京通州，年龄==>33
姓名==>JiKang3，地址==>甘肃兰州，年龄==>89
姓名==>JiKang5，地址==>天津滨海，年龄==>90
姓名==>JiKang6，地址==>河南郑州，年龄==>55
```

图 4-4　SingleColumnValueFilterTest 类的执行结果

12）执行 PageFilter 过滤器代码。选中测试类 PageFilterTest，单击鼠标右键，选择"Run as"→"Java Application"命令，程序将执行。查看控制台打印的日志，可以查看到执行结果，如图 4-5 所示。

```
keyvalues={rk01/baseinfo:age/1463994224734/Put/vlen=2/mvcc=0, rk01/baseinfo:name/146399422
keyvalues={rk02/baseinfo:age/1463994224734/Put/vlen=2/mvcc=0, rk02/baseinfo:name/146399422
keyvalues={rk03/baseinfo:age/1463994224734/Put/vlen=2/mvcc=0, rk03/baseinfo:name/146399422
start row:rk03\x00
keyvalues={rk04/baseinfo:age/1463994224734/Put/vlen=2/mvcc=0, rk04/baseinfo:name/146399422
keyvalues={rk05/baseinfo:age/1463994224734/Put/vlen=2/mvcc=0, rk05/baseinfo:name/146399422
keyvalues={rk06/baseinfo:age/1463994224734/Put/vlen=2/mvcc=0, rk06/baseinfo:name/146399422
start row:rk06\x00
keyvalues={rk07/baseinfo:age/1463994224734/Put/vlen=2/mvcc=0, rk07/baseinfo:name/146399422
keyvalues={rk08/baseinfo:age/1463994224734/Put/vlen=2/mvcc=0, rk08/baseinfo:name/146399422
start row:rk08\x00
total rows:8
```

图 4-5 PageFilterTest 类的执行结果

任务 2 设计电信语音详单 HBase 表结构

扫码观看视频

任务描述

HBase 由于其自身的特点和优势，常被移动通信公司用于存放通信用户电信语音详单等数据。本任务需要根据业务来设计高效的电信用户语音详单表的行键，综合应用 HBase 的 Java API 编写代码来创建语音详单表并插入数据，查看测试语音详单设计数据结果等。

任务分析

1. 列族数量设定

可以将列族数量设计为两个，一个为基本信息列族，另一个为附加信息列族。基本信息列族是客户需要的信息。还有一些信息，比如每个人不相同的数据，或者并不是必须要显示的数据。要将频繁使用的数据和不经常使用的数据分开，在不同的列族存储，这是因为 HBase 的物理存储结构是按照列族来划分的，不同列族的数据存储在不同的存储文件里。

2. 行键的设计

用户登录后，需要根据用户的手机号来查询通话记录信息，所以行键里边应该包含手机号，这样，同一个人的通话记录会存储在一个连续的物理位置。

仅仅这样还不够，考虑到客户查询通话记录时往往是按照时间去检索的，所以行键里也要包含日期信息，这样，相同手机号、相同日期的数据会存储在一个连续的物理位置，相同手机号、前一天的数据和后一天的数据会存储在相邻的位置。

最后，为了保持行键的唯一性，根据时间先后顺序，可以为同一个手机号在同一天产生的语音详单数据生成一个自增的整数值。

项目4 应用HBase高级特性优化设计和查询

根据上面的思想，最终的行键数据信息如下：

15901235351-20160915-1
15901235351-20160915-2
15901235351-20160915-3
15901235351-20160915-4
15901235351-20160915-5
15901235352-20160915-1
15901235352-20160915-2
15901235352-20160915-3
15901235352-20160915-4
15901235352-20160915-5
15901235352-20160915-6

总结：将需要批量查询的数据尽可能连续存放。

知识准备

HBase 是一个分布式的、面向列的数据库，它和一般关系型数据库的最大区别是：HBase 很适合存储非结构化的数据，还有就是它是基于列的，而不是基于行的模式。

既然 HBase 是采用 Key-Value 的列存储，那 Row Key 就是 Key-Value 的 Key 了，表示唯一一行。Row Key 也是一段二进制码流，最大长度为 64KB，内容可以由使用的用户自定义。数据加载时，一般也是根据 Row Key 的二进制序列由小到大进行的。

HBase 是根据 Row Key 来进行检索的，首先系统找到某个 Row Key（或者某个 Row Key 范围）所在的 Region，然后将查询数据的请求路由到该 Region 获取数据。HBase 的检索支持以下三种方式：

1) 通过单个 Row Key 访问，即按照某个 Row Key 键值进行 get 操作，这样获取唯一一条记录。

2) 通过 Row Key 的范围进行查询，即通过设置 startRowKey 和 endRowKey 在这个范围内进行扫描，这样可以按指定的条件获取一批记录。

3) 全表扫描，即直接扫描整张表中的所有行记录。HBase 按单个 Row Key 检索的效率是很高的，耗时在 1ms 以下，每秒可获取 1000～2000 条记录，不过非 Key 列的查询很慢。

Row Key 是一个二进制码流，但不要超过 16 个字节。

原因如下：

1) 数据的持久化文件 HFile 中是按照 Key-Value 存储的，如果 Row Key 过长，比如 100B，那么 1000 万列数据光 Row Key 就要占用 100×1000 万 =10 亿个字节，这会极大影响 HFile 的存储效率。

2）Memstore 将缓存部分数据到内存，如果 Row Key 字段过长，那么内存的有效利用率会降低，系统将无法缓存更多数据，这会降低检索效率。因此 Row Key 的字节长度越短越好。

3）目前的操作系统大多是 64 位系统，内存为 8 字节对齐。建议将 Row Key 的长度控制在 16 个字节，这样既不会太长，又是 8 字节的整数倍，更有益于利用操作系统的最佳特性。

任务实施

1）创建 Java 工程。在 Eclipse 中的项目列表中单击鼠标右键，选择"New"→"Java Project"命令，在打开的对话框中新建一个项目"CallRecordTable"，如图 4-6 所示。

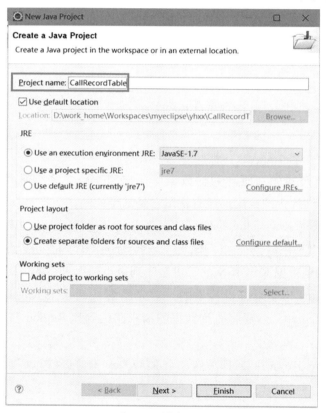

图 4-6　创建项目

2）复制 HBase 安装目录下 lib 目录下的 jar 包到 lib 文件夹。首先在项目根目录下创建一个文件夹 lib，然后把 HBase 的相关 jar 包复制到该文件中，如图 4-7 所示。

3）将 lib 下所有的 jar 包导入项目环境中。首先全选 lib 文件夹下的 jar 包文件，单击鼠标右键，选择"Build Path"→"Add to Build Path"命令。添加后，发现 jar 包被引用到了工程的 Referenced Libraries 中。

4）创建用于建表的 Java 类。在项目 src 目录下单击鼠标右键，通过快捷菜单打开"New Java Class"对话框，从中创建一个类，设置名称为"CreateTable"，并指定包名为"com.simple.disign"，如图 4-8 所示。

项目4
应用HBase高级特性优化设计和查询

图 4-7　复制 jar 包到 lib 文件夹

图 4-8　创建类和包 1

编写代码如下：

```java
package com.simple.disign;
import java.io.IOException;
import org.apache.hadoop.conf.Configuration;
import org.apache.hadoop.hbase.HBaseConfiguration;
import org.apache.hadoop.hbase.HColumnDescriptor;
import org.apache.hadoop.hbase.HTableDescriptor;
import org.apache.hadoop.hbase.TableName;
import org.apache.hadoop.hbase.client.HBaseAdmin;
public class CreateTable {
    public static void main(String[] args) throws IOException {
        // 一、配置文件设置
        // 创建用于客户端的配置类实例
        Configuration config = HBaseConfiguration.create();
        // 设置连接 ZooKeeper 的地址
        //HBase 客户端连接的是 ZooKeeper
        config.set("hbase.zookeeper.quorum", "192.168.1.2:2181");
        // 二、表描述相关信息
        // 创建表描述器并命名表为 callrecord1
        HTableDescriptor tableDesc = new HTableDescriptor(TableName.valueOf("callrecord1"));
        // 创建列族描述器并命名一个列族为 baseinfo
        HColumnDescriptor columnDesc1 = new HColumnDescriptor("baseinfo");
        // 设置列族的最大版本数
        columnDesc1.setMaxVersions(5);
        // 创建列族描述器并命名一个列族为 otherinfo
        HColumnDescriptor columnDesc2 = new HColumnDescriptor("otherinfo");
        // 设置列族的最大版本数
        columnDesc2.setMaxVersions(3);
        // 添加一个列族给表
        tableDesc.addFamily(columnDesc1);
        // 添加一个列族给表
        tableDesc.addFamily(columnDesc2);
        // 三、实例化 HBaseAdmin，创建表
        // 根据配置文件创建 HBaseAdmin 对象
        HBaseAdmin hbaseAdmin = new HBaseAdmin(config);
        // 创建表
        hbaseAdmin.createTable(tableDesc);
        // 四、释放资源
        hbaseAdmin.close();
    }
}
```

5）创建用于添加测试数据的 Java 类。在项目 src 目录下单击鼠标右键，通过快捷菜单打开"New Java Class"对话框，从中创建一个类，设置名称为"PutData"，并指定包名为"com.simple.disign"，如图 4-9 所示。

项目4
应用HBase高级特性优化设计和查询

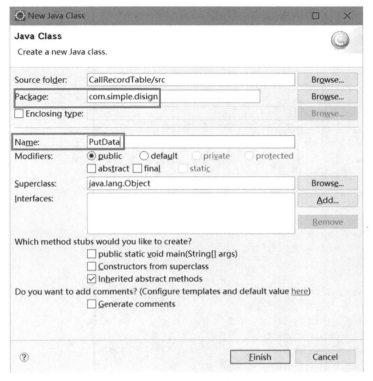

图 4-9　创建类和包 2

编写代码如下：

```
package com.simple.disign;
import java.io.IOException;
import java.util.ArrayList;
import java.util.List;
import org.apache.hadoop.conf.Configuration;
import org.apache.hadoop.hbase.HBaseConfiguration;
import org.apache.hadoop.hbase.client.HTable;
import org.apache.hadoop.hbase.client.Put;
import org.apache.hadoop.hbase.util.Bytes;
public class PutData {
    public static void main(String[] args) throws IOException {
        // 一、配置文件设置
        // 创建用于客户端的配置类实例
        Configuration  config = HBaseConfiguration.create();
        // 设置连接 ZooKeeper 的地址
        // HBase 客户端连接的是 ZooKeeper
        config.set("hbase.zookeeper.quorum", "192.168.1.2:2181");
        // 二、获得要操作的表的对象
        // 第一个参数 "config" 为配置文件；第二个参数 "callrecord" 为数据库中的表名
        HTable  table = new HTable(config, "callrecord");
        // 三、设置 Put 对象
        // 设置行键值；设置列族、列、Cell 值
        // baseinfo:calltime 为呼叫时间；baseinfo:callplace 为呼叫地点
        // baseinfo:calltype 为呼叫类型；baseinfo:callsecond 为呼叫时长
```

```java
// otherinfo:phonebrand 为手机品牌
Put put1 = new Put(Bytes.toBytes("15901235351-20160915-1"));
put1.add(Bytes.toBytes("baseinfo"), Bytes.toBytes("calltime"),
        Bytes.toBytes("2016-09-15 14:12:16"));
put1.add(Bytes.toBytes("baseinfo"), Bytes.toBytes("callplace"),
        Bytes.toBytes(" 北京 "));
put1.add(Bytes.toBytes("baseinfo"), Bytes.toBytes("calltype"),
        Bytes.toBytes(" 主叫 "));
put1.add(Bytes.toBytes("baseinfo"), Bytes.toBytes("callsecond"),
        Bytes.toBytes("55"));
put1.add(Bytes.toBytes("otherinfo"), Bytes.toBytes("phonebrand"),
        Bytes.toBytes("vivo"));
Put put2 = new Put(Bytes.toBytes("15901235357-20160915-1"));
put2.add(Bytes.toBytes("baseinfo"), Bytes.toBytes("calltime"),
        Bytes.toBytes("2016-09-15 14:13:16"));
put2.add(Bytes.toBytes("baseinfo"), Bytes.toBytes("callplace"),
        Bytes.toBytes(" 北京 "));
put2.add(Bytes.toBytes("baseinfo"), Bytes.toBytes("calltype"),
        Bytes.toBytes(" 主叫 "));
put2.add(Bytes.toBytes("baseinfo"), Bytes.toBytes("callsecond"),
        Bytes.toBytes("95"));
put2.add(Bytes.toBytes("otherinfo"), Bytes.toBytes("phonebrand"),
        Bytes.toBytes("huawei"));
Put put3 = new Put(Bytes.toBytes("15901235351-20160915-2"));
put3.add(Bytes.toBytes("baseinfo"), Bytes.toBytes("calltime"),
        Bytes.toBytes("2016-09-15 14:23:16"));
put3.add(Bytes.toBytes("baseinfo"), Bytes.toBytes("callplace"),
        Bytes.toBytes(" 北京 "));
put3.add(Bytes.toBytes("baseinfo"), Bytes.toBytes("calltype"),
        Bytes.toBytes(" 被叫 "));
put3.add(Bytes.toBytes("baseinfo"), Bytes.toBytes("callsecond"),
        Bytes.toBytes("135"));
put3.add(Bytes.toBytes("otherinfo"), Bytes.toBytes("phonebrand"),
        Bytes.toBytes("vivo"));
Put put4 = new Put(Bytes.toBytes("15901235357-20160916-1"));
put4.add(Bytes.toBytes("baseinfo"), Bytes.toBytes("calltime"),
        Bytes.toBytes("2016-09-16 09:13:16"));
put4.add(Bytes.toBytes("baseinfo"), Bytes.toBytes("callplace"),
        Bytes.toBytes(" 北京 "));
put4.add(Bytes.toBytes("baseinfo"), Bytes.toBytes("calltype"),
        Bytes.toBytes(" 主叫 "));
put4.add(Bytes.toBytes("baseinfo"), Bytes.toBytes("callsecond"),
        Bytes.toBytes("295"));
put4.add(Bytes.toBytes("otherinfo"), Bytes.toBytes("phonebrand"),
        Bytes.toBytes("huawei"));
Put put5 = new Put(Bytes.toBytes("15901235351-20160916-1"));
put5.add(Bytes.toBytes("baseinfo"), Bytes.toBytes("calltime"),
        Bytes.toBytes("2016-09-16 10:23:16"));
put5.add(Bytes.toBytes("baseinfo"), Bytes.toBytes("callplace"),
        Bytes.toBytes(" 北京 "));
put5.add(Bytes.toBytes("baseinfo"), Bytes.toBytes("calltype"),
        Bytes.toBytes(" 被叫 "));
put5.add(Bytes.toBytes("baseinfo"), Bytes.toBytes("callsecond"),
```

```java
                Bytes.toBytes("15"));
        put5.add(Bytes.toBytes("otherinfo"), Bytes.toBytes("phonebrand"),
                Bytes.toBytes("vivo"));
        Put put6 = new Put(Bytes.toBytes("15901235357-20160916-2"));
        put6.add(Bytes.toBytes("baseinfo"), Bytes.toBytes("calltime"),
                Bytes.toBytes("2016-09-16 11:13:16"));
        put6.add(Bytes.toBytes("baseinfo"), Bytes.toBytes("callplace"),
                Bytes.toBytes(" 北京 "));
        put6.add(Bytes.toBytes("baseinfo"), Bytes.toBytes("calltype"),
                Bytes.toBytes(" 主叫 "));
        put6.add(Bytes.toBytes("baseinfo"), Bytes.toBytes("callsecond"),
                Bytes.toBytes("295"));
        put6.add(Bytes.toBytes("otherinfo"), Bytes.toBytes("phonebrand"),
                Bytes.toBytes("huawei"));
        Put put7 = new Put(Bytes.toBytes("15901235351-20160916-2"));
        put7.add(Bytes.toBytes("baseinfo"), Bytes.toBytes("calltime"),
                Bytes.toBytes("2016-09-16 12:23:16"));
        put7.add(Bytes.toBytes("baseinfo"), Bytes.toBytes("callplace"),
                Bytes.toBytes(" 北京 "));
        put7.add(Bytes.toBytes("baseinfo"), Bytes.toBytes("calltype"),
                Bytes.toBytes(" 被叫 "));
        put7.add(Bytes.toBytes("baseinfo"), Bytes.toBytes("callsecond"),
                Bytes.toBytes("515"));
        put7.add(Bytes.toBytes("otherinfo"), Bytes.toBytes("phonebrand"),
                Bytes.toBytes("vivo"));
        Put put8 = new Put(Bytes.toBytes("15901235349-20160916-1"));
        put8.add(Bytes.toBytes("baseinfo"), Bytes.toBytes("calltime"),
                Bytes.toBytes("2016-09-16 16:23:16"));
        put8.add(Bytes.toBytes("baseinfo"), Bytes.toBytes("callplace"),
                Bytes.toBytes(" 北京 "));
        put8.add(Bytes.toBytes("baseinfo"), Bytes.toBytes("calltype"),
                Bytes.toBytes(" 被叫 "));
        put8.add(Bytes.toBytes("baseinfo"), Bytes.toBytes("callsecond"),
                Bytes.toBytes("515"));
        put8.add(Bytes.toBytes("otherinfo"), Bytes.toBytes("phonebrand"),
                Bytes.toBytes("vivo"));
        // 四、构造 List<Put>
        List<Put> listPut = new ArrayList<Put>();
        listPut.add(put1);
        listPut.add(put2);
        listPut.add(put3);
        listPut.add(put4);
        listPut.add(put5);
        listPut.add(put6);
        listPut.add(put7);
        listPut.add(put8);
        // 五、插入多行数据
        table.put(listPut);
        // 六、释放资源
        table.close();
    }
}
```

6）在 Linux 终端下启动 Hadoop 服务和 HBase 服务，通过 start-all.sh 启动 Hadoop 服务，并通过 cd /simple/hbase-0.96-2-hadoop2/bin 命令进入 HBase 的 bin 目录下使用 ./start-hbase.sh 启动 HBase 服务，通过 jps 命令查看是否启动成功。

7）运行创建表的 CreateTable 类和创建测试数据的 PutData 类。

8）执行代码。分别选择类 CreateTable、PutData，单击鼠标右键，选择"Run as"→"Java Application"命令，程序将执行，会完成对表的建立、向表中插入按照时间先后顺序模拟的数据操作。

9）查看结果。进入 HBase shell，执行命令 scan 'callrecord'（"callrecord"为表名），将会查看到数据的排列顺序符合设计的预期效果，如图 4-10 所示。

```
hbase(main):003:0> scan 'callrecord'
ROW                     COLUMN+CELL
 15901235349-20         column=baseinfo:callplace, timestamp=14640
 160916-1               89055395, value=\xE5\x8C\x97\xE4\xBA\xAC
 15901235349-20         column=baseinfo:callsecond, timestamp=1464
 160916-1               089055395, value=515
 15901235349-20         column=baseinfo:calltime, timestamp=146408
 160916-1               9055395, value=2016-09-16 16:23:16
 15901235349-20         column=baseinfo:calltype, timestamp=146408
 160916-1               9055395, value=\xE8\xA2\xAB\xE5\x8F\xAB
 15901235349-20         column=otherinfo:phonebrand, timestamp=146
 160916-1               4089055395, value=vivo
 15901235351-20         column=baseinfo:callplace, timestamp=14640
 160915-1               89055395, value=\xE5\x8C\x97\xE4\xBA\xAC
 15901235351-20         column=baseinfo:callsecond, timestamp=1464
 160915-1               089055395, value=55
 15901235351-20         column=baseinfo:calltime, timestamp=146408
 160915-1               9055395, value=2016-09-15 14:12:16
 15901235351-20         column=baseinfo:calltype, timestamp=146408
 160915-1               9055395, value=\xE4\xB8\xBB\xE5\x8F\xAB
```

图 4-10　HBase 表中的结果数据

任务 3　统计网站页面浏览量

扫码观看视频

任务描述

HBase 计数器可以用于实时统计，而不需要离线批量处理。本任务要求使用 HBase 的高级功能：使用计数器进行网站页面浏览量的实时统计，以代替延迟性较高的批量处理操作。

任务分析

HBase 有一种可以将列当作计数器的机制。运用这个特性，可以更快地对存储于 HBase 中的数据进行统计。以前的 HBase 版本只会在每次的计数器更新操作中使用一个 RPC 请求，但在新版本中可以使许多更新计数器的请求在一个 RPC 中完成，但目前更新多个计数器操作的前提条件是数据属于同一行。

项目4
应用HBase高级特性优化设计和查询

知识准备

计数器是 HBase 的一个高级特性。在 HBase 表中可以将列当作计数器，支持"原子"操作，否则用户需要对一行数据加锁，在进行读取及更新操作时，会引起大量的资源竞争问题。

HBase 提供的计数器工具可以方便、快速地进行计数操作，从而免去了加锁等保证"原子"性的操作。但是实质上，计数器还是列，有自己的族和列名。值得注意的是，维护计数器的值最好是用 HBase 提供的 API，直接操作更新很容易引起数据的混乱。

计数器的增量可以是正数和负数，正数代表加，负数代表减。

直接读取计数器得到的是字节数据，shell 把每个字节按十六进制数打印。使用 get_counter 可以返回可读格式数据。

1．单计数器

第一种增加操作只能操作单计数器：用户需要自己设定列，方法由 Table 提供，如下：

long incrementColumnvalue(byte [] row, byte[] family, byte [] qualifier,long amount)throws IOException

long incrementColumnValue(byte [] row, byte[] family, byte[] qualifier,long amount, boolean writeToWAL) throws IOException

这两种方法都需要提供列的坐标 (Coordinates) 和增加值，除此之外，这两种方法只在参数 writeToWAL 上有差别，这个参数的作用与 put、setWriteToWAL() 方法一致。

2．多计数器

另一个增加计数器值的途径是使用 HTable() 的方法 increment()。工作模式与 CRUD 操作类似，可使用以下方法完成该功能：

Result increment(Increment increment) throws IOException

用户需要创建一个 increment 实例，同时需要填充一些相应的细节到该实例中，如计数器的坐标。构造器如下：

increment(){}

increment (byte[] row)

increment(byte[] row, rowlock rowlock)

用户构造 increment 实例时需要传入行键，此行应当包含此实例需要通过 increment() 方法修改的所有计数器。

可选参数 rowlock 设置了用户自定义锁实例，这样可以使本次操作完全在用户的控制下完成，例如，当用户需要多次修改同一行时，可以保证期间此行不被其他写程序修改。

任务实施

1）在 Hadoop 安装目录的 sbin 目录下执行 ./start-all.sh 命令，启动 Hadoop 服务，如图 4-11 所示。

NoSQL数据库技术及应用

```
[root@simple 桌面]# cd /simple/hadoop-2.4.1/sbin/
[root@simple sbin]# ./start-all.sh
This script is Deprecated. Instead use start-dfs.sh and start-yarn.sh
19/05/15 10:32:34 WARN util.NativeCodeLoader: Unable to load native-hadoop libra
ry for your platform... using builtin-java classes where applicable
Starting namenodes on [simple]
simple: starting namenode, logging to /simple/hadoop-2.4.1/logs/hadoop-root-name
node-simple.out
localhost: starting datanode, logging to /simple/hadoop-2.4.1/logs/hadoop-root-d
atanode-simple.out
Starting secondary namenodes [simple]
simple: starting secondarynamenode, logging to /simple/hadoop-2.4.1/logs/hadoop-
root-secondarynamenode-simple.out
19/05/15 10:32:51 WARN util.NativeCodeLoader: Unable to load native-hadoop libra
ry for your platform... using builtin-java classes where applicable
starting yarn daemons
starting resourcemanager, logging to /simple/hadoop-2.4.1/logs/yarn-root-resourc
emanager-simple.out
localhost: starting nodemanager, logging to /simple/hadoop-2.4.1/logs/yarn-root-
nodemanager-simple.out
```

图 4-11　启动 Hadoop 服务

2）执行 jps 命令查看 Hadoop 的服务是否都已启动，如图 4-12 所示。

```
[root@simple bin]# jps
2625 SecondaryNameNode
3222 Jps
2343 NameNode
2449 DataNode
2875 NodeManager
2775 ResourceManager
```

图 4-12　查看启动的 Hadoop 服务

3）在 ZooKeeper 安装目录的 bin 目录下执行 ./zkServer.sh start 命令，启动 ZooKeeper 服务，如图 4-13 所示。

```
[root@simple bin]# ./zkServer.sh start
JMX enabled by default
Using config: /simple/zookeeper-3.4.5/bin/../conf/zoo.cfg
Starting zookeeper ... STARTED
```

图 4-13　启动 ZooKeeper 服务

4）在 HBase 安装目录的 bin 目录下执行 ./start-hbase.sh 命令，启动 HBase 服务，如图 4-14 所示。

```
[root@simple bin]# ./start-hbase.sh
starting master, logging to /simple/hbase-0.96.2-hadoop2/bin/../logs/hbase-root-
master-simple.out
simple: starting regionserver, logging to /simple/hbase-0.96.2-hadoop2/bin/../lo
gs/hbase-root-regionserver-simple.out
```

图 4-14　启动 HBase 服务

5）在 shell 中执行计数器操作。执行命令 hbase shell 进入 HBase 交互界面，如图 4-15 所示。

```
[root@simple hadoop]# hbase shell
2019-05-15 11:38:06,219 INFO [main] Configuration.deprecation: hadoop.native.li
b is deprecated. Instead, use io.native.lib.available
HBase Shell; enter 'help<RETURN>' for list of supported commands.
Type "exit<RETURN>" to leave the HBase Shell
Version 0.96.2-hadoop2, r1581096, Mon Mar 24 16:03:18 PDT 2014

hbase(main):001:0>
```

图 4-15　进行 HBase 交互界面

6）创建一个名称为 counters 的某网站页面浏览量表并定义列族，如图 4-16 所示。

```
hbase(main):008:0* create'counters','daily','weekly','monthly'
0 row(s) in 0.7050 seconds

=> Hbase::Table - counters
```

图 4-16　创建表 counters 并定义列族

7）计数器初始值默认为 0，增加 daily:pv 列数量，每次增加 1，如图 4-17 所示。

```
hbase(main):039:0> incr'counters',' 20190515',' daily:pv',1
COUNTER VALUE = 1

hbase(main):040:0> incr'counters',' 20190515',' daily:pv',1
COUNTER VALUE = 2
```

图 4-17　增加计数

8）使用 get_counter 命令查看最终结果，结果为 2，与预期结果相同，如图 4-18 所示。

```
hbase(main):036:0> get_counter'counters','20190515','daily:pv','dummy'
COUNTER VALUE = 2
```

图 4-18　查看结果

使用 shell 中的 incr 命令只能一次操作一个计数器，没有客户端 API 方便。

9）创建 Java 工程。在 Eclipse 中的项目列表中单击鼠标右键，选择"New"→"Java Project"命令，在打开的对话框中新建一个项目"counters"，如图 4-19 所示。

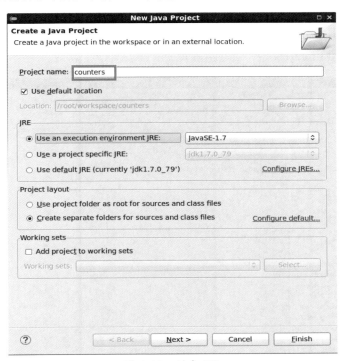

图 4-19　创建项目

10）复制 HBase 安装目录下 lib 目录下的 jar 包到 lib 文件夹。首先在项目根目录下创建一个文件夹 lib，然后把 HBase 的相关 jar 包复制到该文件中，如图 4-20 所示。

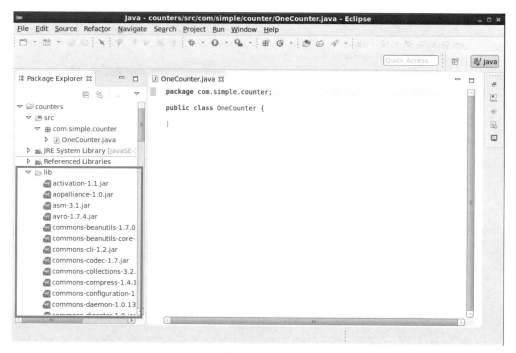

图 4-20 复制 jar 包到 lib 文件夹

11）将 lib 下所有的 jar 包导入项目环境中。首先全选 lib 文件夹下的 jar 包文件，单击鼠标右键，选择"Build Path"→"Add to Build Path"命令。添加后，发现 jar 包被引用到了工程的 Referenced Libraries 中，如图 4-21 所示。

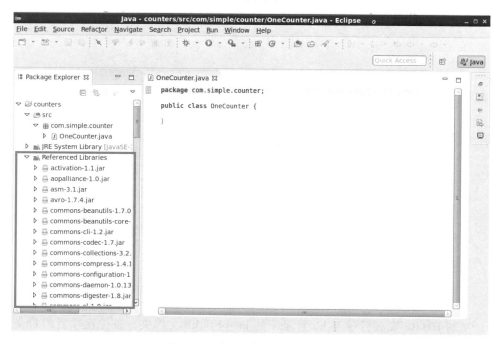

图 4-21 将 jar 包导入项目环境

12）选中 counters 项目，单击鼠标右键，通过快捷菜单打开"New Java Class"对话框，从中创建一个类，设置名称为"One Counter"，并指定包名为"com.simple.counter"，如图 4-22 所示。

图 4-22　创建单计数器类及包

编写单计数器代码如下：

```
package com.simple;
import java.io.IOException;
import org.apache.hadoop.conf.Configuration;
import org.apache.hadoop.hbase.HBaseConfiguration;
import org.apache.hadoop.hbase.HColumnDescriptor;
import org.apache.hadoop.hbase.HTableDescriptor;
import org.apache.hadoop.hbase.TableName;
import org.apache.hadoop.hbase.client.HBaseAdmin;
public class CreateTable {
    public static void main(String[] args) throws IOException {
        // 一、配置文件设置
        // 创建用于客户端的配置类实例
        Configuration config = HBaseConfiguration.create();
        // 设置连接 ZooKeeper 的地址
        //HBase 客户端连接的是 zookeeper
        config.set("hbase.zookeeper.quorum", "192.168.1.2:2181");
        // 二、表描述相关信息
        // 创建表描述器并命名表为 phoneurl
        HTableDescriptor tableDesc = new HTableDescriptor(TableName.valueOf("phoneurl"));
        // 创建列族描述器并命名一个列族为 baseinfo
        HColumnDescriptor columnDesc1 = new HColumnDescriptor("baseinfo");
        // 设置列族的最大版本数
        columnDesc1.setMaxVersions(5);
        // 添加一个列族给表
```

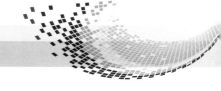

```
        tableDesc.addFamily(columnDesc1);
        // 三、实例化 HBaseAdmin，创建表
        // 根据配置文件创建 HBaseAdmin 对象
        HBaseAdmin  hbaseAdmin = new HBaseAdmin(config);
        // 创建表
        hbaseAdmin.createTable(tableDesc);
        // 四、释放资源
        hbaseAdmin.close();
    }
}
```

13）执行 OneCounter 类，执行结果即为对 pv 列进行计数操作的数据，如图 4-23 所示。

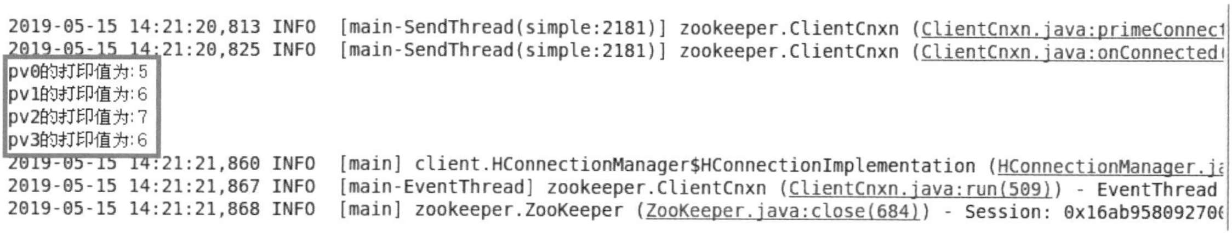

2019-05-15 14:21:20,813 INFO [main-SendThread(simple:2181)] zookeeper.ClientCnxn (ClientCnxn.java:primeConnect
2019-05-15 14:21:20,825 INFO [main-SendThread(simple:2181)] zookeeper.ClientCnxn (ClientCnxn.java:onConnected
pv0的打印值为:5
pv1的打印值为:6
pv2的打印值为:7
pv3的打印值为:6
2019-05-15 14:21:21,860 INFO [main] client.HConnectionManager$HConnectionImplementation (HConnectionManager.ja
2019-05-15 14:21:21,867 INFO [main-EventThread] zookeeper.ClientCnxn (ClientCnxn.java:run(509)) - EventThread
2019-05-15 14:21:21,868 INFO [main] zookeeper.ZooKeeper (ZooKeeper.java:close(684)) - Session: 0x16ab95809270

图 4-23　程序执行结果 1

14）选中 counters 项目，单击鼠标右键，通过快捷菜单打开 “New Java Class” 对话框，从中创建一个类，设置类名为 “MultiCounter”，并指定包名为 “com.simple.counter”，如图 4-24 所示。

New Java Class
Java Class
Create a new Java class.
Source folder:
counters/src
Browse...
Package:
com.simple.counter
Browse...
Enclosing type:
Browse...
Name:
MultiCounter
Modifiers:
public
package
private
protected
abstract
final
static
Superclass:
java.lang.Object
Browse...
Interfaces:
Add...
Remove
Which method stubs would you like to create?
public static void main(String[] args)
Constructors from superclass
Inherited abstract methods
Do you want to add comments? (Configure templates and default value here)
Generate comments
Cancel
Finish

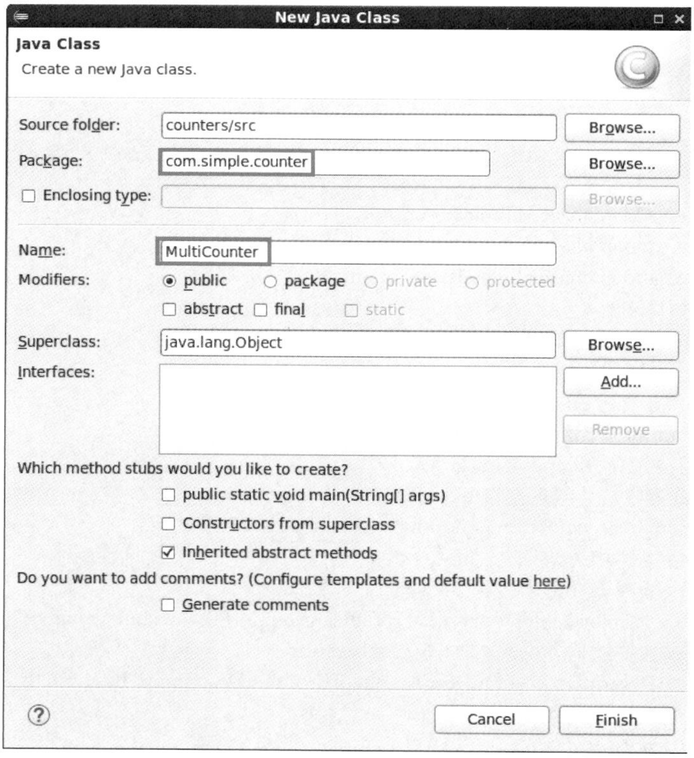

图 4-24　创建多计数器类和包

项目4 应用HBase高级特性优化设计和查询

编写多计数器代码如下：

```java
package com.simple.counter;
import java.io.IOException;
import org.apache.hadoop.conf.Configuration;
import org.apache.hadoop.hbase.HBaseConfiguration;
import org.apache.hadoop.hbase.KeyValue;
import org.apache.hadoop.hbase.client.HTable;
import org.apache.hadoop.hbase.client.Increment;
import org.apache.hadoop.hbase.client.Result;
import org.apache.hadoop.hbase.util.Bytes;
public class MultiCounter {
    public static void main(String[] args) throws IOException {
        // 一、配置文件设置
        // 创建用于客户端的配置类实例
        Configuration config = HBaseConfiguration.create();
        // 设置连接 ZooKeeper 的地址
        // HBase 客户端连接的是 ZooKeeper
        config.set("hbase.zookeeper.quorum", "192.168.1.2:2181");
        // 二、获得要操作的表的对象
        // 第一个参数 "config" 为配置文件；第二个参数 "counters" 为数据库中的表名
        HTable table = new HTable(config, "counters");
        // 对多个列进行计数操作
        Increment increment = new Increment(Bytes.toBytes("20190515"));
        increment.addColumn(Bytes.toBytes("daily"), Bytes.toBytes("pv"), 5);
        increment.addColumn(Bytes.toBytes("daily"), Bytes.toBytes("uv"), 5);
        increment.addColumn(Bytes.toBytes("weekly"), Bytes.toBytes("pv"), 5);
        increment.addColumn(Bytes.toBytes("weekly"), Bytes.toBytes("uv"), 5);
        Result result = table.increment(increment);
        // 遍历计数结果
        for (KeyValue kv : result.raw()) {
            System.out.println("KV:"+kv+"Value:"+Bytes.toLong(kv.getValue()));
        }
        // 释放资源
        table.close();
    }
}
```

15) 执行 MultiCounter 类，执行结果即为对多列进行计数操作的数据，如图 4-25 所示。

```
2019-05-15 14:42:06,086 INFO  [main] zookeeper.RecoverableZooKeeper (RecoverableZooKeeper.java:<init>(120)) - 
2019-05-15 14:42:06,101 INFO  [main-SendThread(simple:2181)] zookeeper.ClientCnxn (ClientCnxn.java:primeConnect
2019-05-15 14:42:06,111 INFO  [main-SendThread(simple:2181)] zookeeper.ClientCnxn (ClientCnxn.java:onConnected(
KV:20190515/weekly:pv/1557902526966/Put/vlen=8/mvcc=0Value:5
KV:20190515/weekly:uv/1557902526966/Put/vlen=8/mvcc=0Value:5
KV:20190515/daily:pv/1557902526966/Put/vlen=8/mvcc=0Value:11
KV:20190515/daily:uv/1557902526966/Put/vlen=8/mvcc=0Value:7
2019-05-15 14:42:06,973 INFO  [main] client.HConnectionManager$HConnectionImplementation (HConnectionManager.ja
2019-05-15 14:42:06,981 INFO  [main] zookeeper.ZooKeeper (ZooKeeper.java:close(684)) - Session: 0x16ab95809270
2019-05-15 14:42:06,981 INFO  [main-EventThread] zookeeper.ClientCnxn (ClientCnxn.java:run(509)) - EventThread
```

图 4-25 程序执行结果 2

项目小结

本项目从 HBase 应用程序设计与开发的角度,总结几种常用的性能优化方法,介绍 HBase 过滤器和其他的相关知识,以及行键的设计思路,为后面更加深入地应用 HBase 打下基础。

项目拓展

1. 使用前缀过滤器(PrefixFilter)取出任务 2 中 callrecord 表中前缀行键为 15901235351 的所有行。

2. 使用 MapReduce 计算框架统计任务 2 中 callrecord 表中各个手机号的呼叫次数并存储至 MySQL 中。

Project 5

项目5
应用MongoDB实现管理员工基本信息

项目概述

本项目主要讲解在 Windows 操作系统下进行 MongoDB 的安装与环境的配置；利用已搭建好的环境创建员工基本信息数据库 e_mangement_db，并介绍删除数据库等命令；在已创建的 e_mangement_db 数据库中创建集合 employee，插入员工基本信息。

学习目标：

- 掌握 MongoDB 的安装与环境变量的配置。
- 掌握数据库基本操作。
- 掌握集合基本操作。

项目5 应用MongoDB实现管理员工基本信息

任务 1 安装与配置 MongoDB

任务描述

MongoDB 是非关系数据库中功能最丰富的数据库。使用 MongoDB 的前提是拥有配置好的 MongoDB 环境。下载安装程序及安装、配置是本任务的关键。

任务分析

和许多开发程序一样，MongoDB 也是有安装程序的，需要从 MongoDB 官网上下载匹配自己操作系统的安装文件，并对它进行正确的安装。由于后期需要使用命令来操作 MongoDB，因此需要对环境变量进行配置。

知识准备

MongoDB 是由 10gen 团队在 2007 年 10 月开发的，在 2009 年 2 月首度推出。目前 MongoDB 是 IT 行业非常流行的一种非关系型数据库（NoSQL），其灵活的数据存储方式备受当前 IT 从业人员的青睐。关系型数据库 SQL 与非关系型数据库 MongoDB 存在一些区别，主要见表 5-1。

表 5-1 SQL 数据库与 MongoDB 的区别

SQL 术语	MongoDB 术语	解释说明
database	database	数据库
table	collection	数据库表 / 集合
row	document	数据记录行 / 文档
column	field	数据字段 / 域
index	index	索引
table joins		表连接，MongoDB 不支持
primary key	primary key	主键，MongoDB 自动将 _id 字段设置为主键

用户可以在 MongoDB 官网下载该安装包，地址为 http://www.mongodb.org。MongoDB 支持以下平台：

- OS X 32-bit。
- OS X 64-bit。
- Linux 32-bit。
- Linux 64-bit。

- Windows 32-bit。
- Windows 64-bit。
- Solaris i86pc。
- Solaris 64。

任务实施

MongoDB 提供了 Windows、Linux、Mac 等的安装程序，这里针对 Windows 的安装进行说明。

MongoDB 下载链接：http://www.mongodb.org/downloads。

1. 下载 MongoDB 程序

在下载页面，Version 选定默认的版本，需要确定 Package 是否为 MSI，OS 选择 Windows 64-bit x64，如图 5-1 所示。

图 5-1　下载 MongoDB 程序选项

单击 "Download" 按钮即可下载 MongoDB 安装程序。

注意：目前最新版本的 MongoDB 已经不支持 32 位操作系统了，如果计算机是 32 位操作系统，则需要升级到 64 位，否则将无法进行安装。

2. 接受许可协议

下载完成后，通过双击打开程序，安装程序首页如图 5-2 所示。

单击 "Next" 按钮打开接受许可协议页面，选择 "I accept the terms in the License Agreement" 复选框，如图 5-3 所示。

项目5
应用MongoDB实现管理员工基本信息

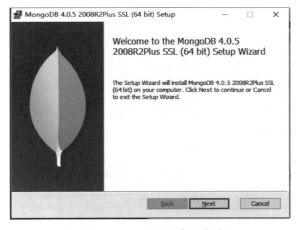

图 5-2　MongoDB 安装程序首页

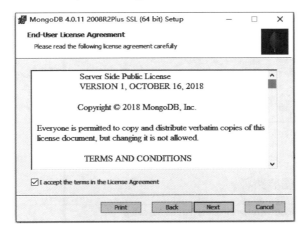

图 5-3　接受许可协议页面

3．安装模式

单击"Next"按钮，进入选择安装模式页面，如图 5-4 所示。

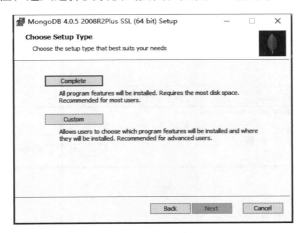

图 5-4　选择安装模式页面

这里提供了两个选择：Complete（自动安装）、Custom（用户自定义安装）。如果不想更改安装目录，单击"Complete"按钮即可，它将默认安装到 C 盘目录下。这里也可以单击"Custom"按钮，手动改动安装目录。

单击"Custom"按钮后，会看到一个新的页面，其中就有修改目录的地方，如图 5-5 所示。

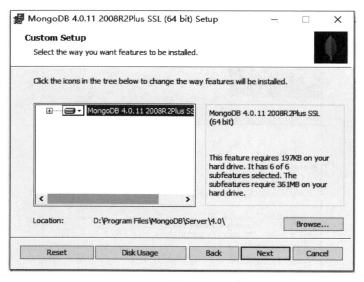

图 5-5　用户自定义安装

现在单击"Browse"按钮，会弹出新的对话框。在这个对话框里，选择要修改的路径，图 5-6 所示为修改后的安装路径。

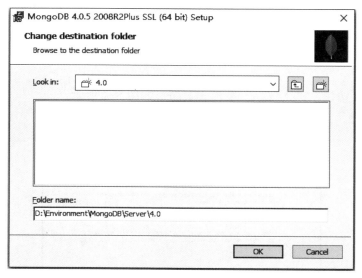

图 5-6　修改后的安装路径

4．配置 MongoDB 服务

修改好路径后，单击"OK"按钮，将会回到图 5-5 所示的页面，单击"Next"按钮，将会出现配置 MongoDB 服务页面，如图 5-7 所示。

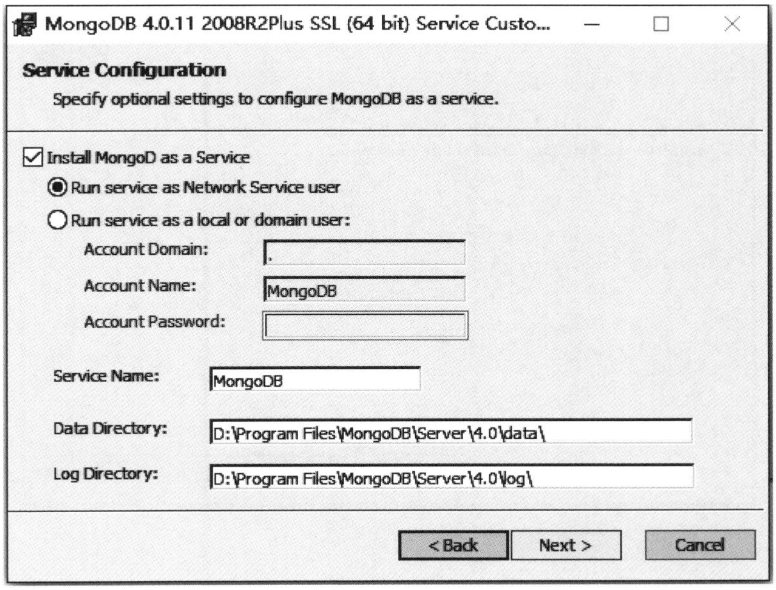

图 5-7 配置 MongoDB 服务页面

该页面用于配置 MongoDB 服务，可以不用更改，保持默认选项即可。

注意：在旧版本的 MongoDB 安装程序中是没有这个页面的，需要手动去配置。

5．安装向导确认

单击"Next"按钮，会出现一个安装向导确认页面，如图 5-8 所示。

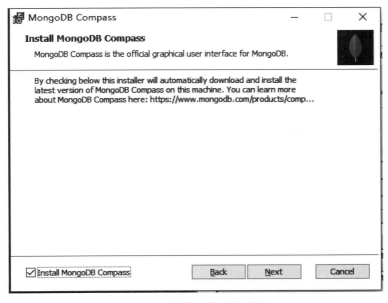

图 5-8 安装向导确认页面

这里继续保持默认，单击"Next"按钮，会出现确认安装页面，如图 5-9 所示。

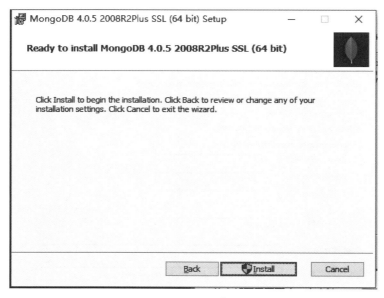

图 5-9　确认安装页面

单击"Install"按钮，这时就开始正式安装 MongoDB 了。当安装成功后，将会出现安装成功页面，如图 5-10 所示。

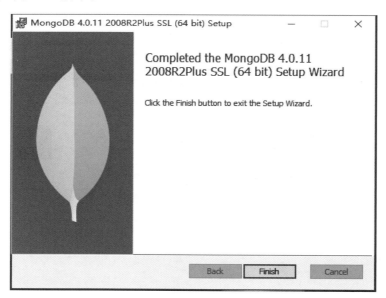

图 5-10　安装成功页面

单击"Finish"按钮，即可完成 MongoDB 的安装。

6．配置环境变量

安装完成后，需要配置相应的环境变量，以便用户后期可以更加方便地使用命令来操作 MongoDB。

项目5
应用MongoDB实现管理员工基本信息

右键单击桌面上的"计算机"图标,选择"属性"命令,将会出现"系统"窗口,如图5-11所示。

图5-11 "系统"窗口

单击左侧的"高级系统设置"链接,将会出现图5-12所示的对话框,选择"高级"选项卡。

图5-12 "高级"选项卡

单击"环境变量"按钮,将会出现图5-13所示的对话框。

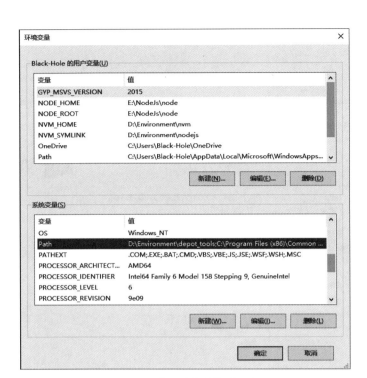

图 5-13 "环境变量"对话框

在"系统变量"列表框中,选择变量为 Path 的一栏,单击"编辑"按钮,在打开的"编辑环境变量"对话框中新建一行数据,此数据为刚刚安装 MongoDB 目录下的 \bin 目录,如图 5-14 所示。

图 5-14 添加新的环境变量

单击"确定"按钮,即可完成环境变量配置。

7. 验证配置

现在验证是否安装及配置成功了。

按 <Win+R> 组合键,打开"运行"对话框,输入 cmd 命令,如图 5-15 所示。

图 5-15 打开"运行"对话框并输入命令

在终端里输入 mongo -- version,如果出现类似以下的提示结果,则说明安装成功。

```
MongoDB shell version v4.0.5
git version: 3739429dd92b92d1b0ab120911a23d50bf03c412
allocator: tcmalloc
modules: none
build environment:
    distmod: 2008plus-ssl
    distarch: x86_64
    target_arch: x86_64
```

MongoDB 版本信息如图 5-16 所示。

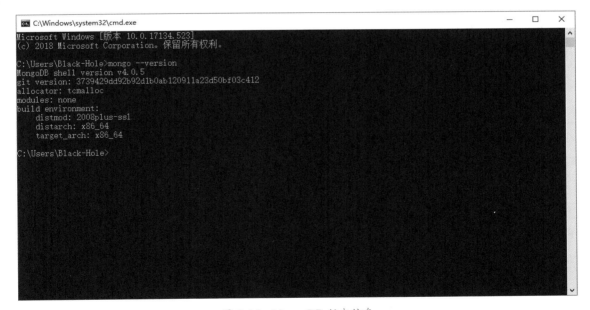

图 5-16 MongoDB 版本信息

至此，已经安装好了 MongoDB。

8．连接 MongoDB

MongoDB 已经安装好了，即可来连接 MongoDB。

打开 cmd 窗口，输入 mongo，即可进行连接，如图 5-17 所示。

图 5-17　连接 MongoDB

下面说明图 5-17 中显示的主要内容。

版本说明信息：

MongoDB shell version v4.0.5
MongoDB server version: 4.0.5

当前连接地址：

connecting to: mongodb://127.0.0.1:27017/?gssapiServiceName=mongodb

当前启动会话 ID，这里的 ID 每次启动都不会一样：

Implicit session: session { "id" : UUID("294eoa78-f933-4fb9-9004-c692316d0b15") }`

因为在前面的安装过程中没有对 MongoDB 设置账户和密码，也没有对账户进行读/写权限的配置，所以这里会出现以下提示：

Server has startup warnings:
2019-02-10T17:05:43.005+0800 I CONTROL [initandlisten]
2019-02-10T17:05:43.005+0800 I CONTROL [initandlisten]** WARNING: Access control is not enabled for the database.
2019-02-10T17:05:43.005+0800 I CONTROL [initandlisten] ** Read and write access to data and configuration is unrestricted.
2019-02-10T17:05:43.005+0800 I CONTROL [initandlisten]

这里是推荐读者把 MongoDB 与云监控平台进行连接，以方便后期通过在线网站直观看

项目5
应用MongoDB实现管理员工基本信息

MongoDB 的状态。

- Enable MongoDB's free cloud-based monitoring service, which will then receive and display
- metrics about your deployment (disk utilization, CPU, operation statistics, etc).

- The monitoring data will be available on a MongoDB website with a unique URL accessible to you
- and anyone you share the URL with. MongoDB may use this information to make product
- improvements and to suggest MongoDB products and deployment options to you.

- To enable free monitoring, run the following command: db.enableFreeMonitoring()
- To permanently disable this reminder, run the following command: db.disableFreeMonitoring()

上面为 MongoDB 在终端里进行连接，现在读者可以尝试使用软件进行连接。

9．使用软件连接

打开网址 https://robomongo.org/download，如图 5-18 所示。

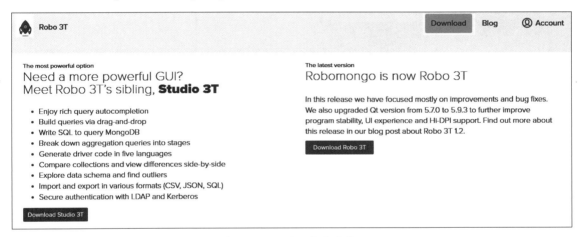

图 5-18　打开网址以进行软件连接 MongoDB

单击"Download Robo 3T"按钮，会出现图 5-19 所示的提示页面。

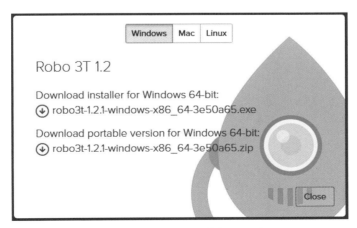

图 5-19　Robo 3T 下载提示页面

这里选择第一个选项,也就是扩展名为 exe 的可执行安装程序。

下载完成后打开,会出现图 5-20 所示的页面。

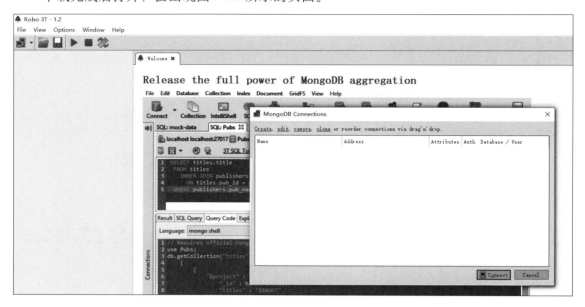

图 5-20　Robo 3T 页面

在"MongoDB Connections"对话框中单击鼠标右键,选择"Add"命令,如图 5-21 所示。

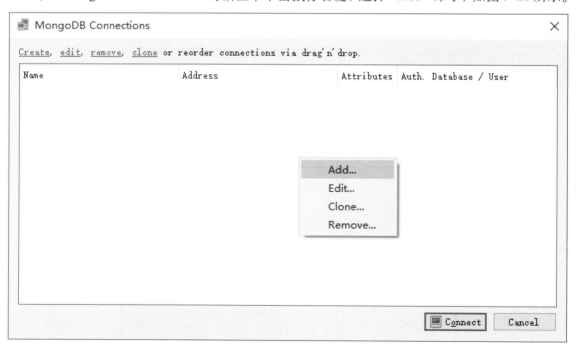

图 5-21　选择"Add"命令

在打开的对话框中进行配置,"Connection Settings"对话框如图 5-22 所示。

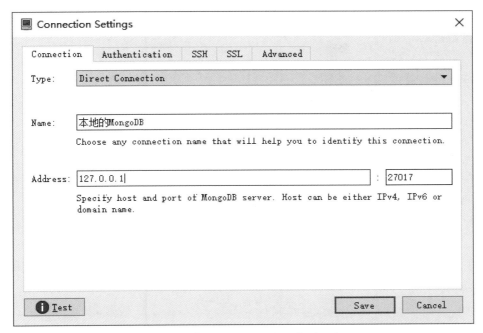

图 5-22 "Connection Settings"对话框

在"Connection Settings"对话框中,Name 处可随意填写,Address 为本地的 IP 地址,也就是 127.0.0.1,其他配置保持默认即可。单击"Save"按钮后,将会出现图 5-23 所示的对话框。

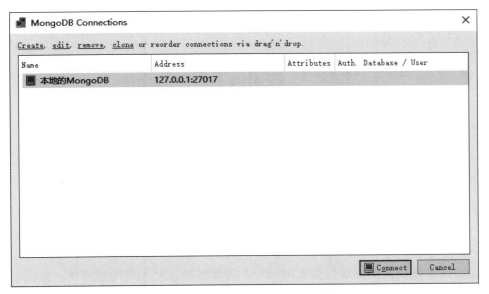

图 5-23 MongoDB Connections 对话框

选择"本地的 MongoDB"选项,然后单击"Connect"按钮,即可连接到本地的 MongoDB 了,如图 5-24 所示。

这些信息都是默认存在的,无须理会。

如果想输入 MongoDB 的命令,在本地 MongoDB 上单击鼠标右键,在弹出的快捷菜单中选择"Open Shell"命令即可，如图 5-25 所示。

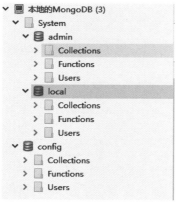

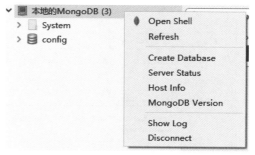

图 5-24　本地 MongoDB　　　　　　　图 5-25　选择"Open Shell"命令

在打开的新页面里，输入 MongoDB 命令，按 <Ctrl+Enter> 组合键进行提交即可，如图 5-26 所示。

图 5-26　命令提交

任务 2　创建员工信息数据库

任务描述

MongoDB 数据库的环境已经搭建成功，那么针对员工信息管理该如何操作呢？和大多数据库系统一样，需要先建立一个数据库，如 e_mangement_db，用来存放员工信息相关数据。建立数据库与删除数据库是本任务要完成的操作。

任务分析

建立数据库需要使用创建数据库的命令；若需要删除已创建的数据库，则需要切换到需要删除的数据库，再使用删除数据库命令进行删除。需要注意的是，删除数据库一般不常操作，删除了就不能再恢复其中的数据了，所以需要谨慎操作。

知识准备

本书以后的所有 MongoDB 连接都将采用命令行进行。

项目5 应用MongoDB实现管理员工基本信息

命令的格式为：
- \> MongoDB 命令
- 命令返回的输出

">"是命令的标识符，真正的命令为">"后面的字符串。

任务实施

1．创建数据库

在 MongoDB 中创建数据库的语法为：

use 数据库名称

创建一个名称为 e_mangement_db 的数据库：

- \> use e_mangement_db
- switched to db e_mangement_db

需要注意的是，创建好了员工信息数据库 e_mangement_db 后，MongoDB 将自动切换到刚刚创建的数据库 e_mangement_db 中。

读者可以通过输入 db 来查看当前的数据库：

- \> db
- e_mangement_db

现在已经创建好了数据库，如果需要查看当前所有数据库列表，则可以使用如下命令：

- \> show dbs
- admin   0.000GB
- config   0.000GB
- local   0.000GB

此时会发现并没有刚刚创建的 e_mangement_db 数据库，这是为什么呢？

这是因为在 MongoDB 里，如果这个数据库里没有任何的命令，那么将不会显示这个数据库。

可以先插入一行数据：

- \> db.e_mangement_db.insert({"test":" 这是一行测试数据 "})
- WriteResult({ "nInserted" : 1 })

现在重新查看数据库列表：

- \> show dbs
- admin   0.000GB
- config   0.000GB
- local   0.000GB
- e_mangement_db 0.000GB

此时已经出现了 e_mangement_db 数据库名称，表明已经成功地创建了这个数据库。

注意：只有数据库中有数据，才真正地创建了这个数据库。

2. 删除数据库

前面已经创建了 e_mangement_db 数据库,如果此时因为一些原因发现创建的数据库存在错误,则可以删除后重新建立。删除数据库可以使用 dropDatabase() 命令:

- \> db
- e_mangement_db

- \> db.dropDatabase()
- { "dropped" : "e_mangement_db", "ok" : 1 }

- \> show dbs
- admin   0.000GB
- config   0.000GB
- local   0.000GB

可以看到,已经成功地删除了 e_mangement_db 数据库。

需要注意的是,删除数据库是一种很危险的行为,只有在确定这个数据库没有任何用处且没有别的地方使用它时,才可以删除。另外,在删除前,应先使用 db 命令来查看当前要删除的数据库是否为自己想要删除的数据库。

任务3 创建员工信息数据集合

任务描述

在任务2中介绍了创建数据库与删除数据库,那么员工的信息到底存放在哪呢?与传统的关系型数据库不同的是,MongoDB 数据库里没有表格的概念,那么数据又是如何在 MongoDB 中存放的呢?

任务分析

任务2中已经介绍了如何创建数据库,但是数据库里没有数据是没有任何意义的,还需要在数据库中添加数据来实现其应用,也就是在创建的数据库里再创建一个集合。在 MongoDB 中,集合才是真正存放数据的地方。

知识准备

集合就是 MongoDB 文档组,类似于 RDBMS (Relational Database Management System,关系数据库管理系统)中的表格。

集合存在于数据库中,集合没有固定的结构,这意味着用户可以在集合中插入不同格式和类型的数据。但通常情况下,插入集合的数据会有一定的关联性。

项目5 应用MongoDB实现管理员工基本信息

任务实施

在开始前,重新建立 e_mangement_db 数据库,也就是将管理员工信息的数据库重新创建。

1. 创建集合的语法

在 MongoDB 中创建集合,使用的是 createCollection 语法。

这里先简单地创建一个名字为 A 的集合:

```
> db.createCollection("A")
{ "ok" : 1 }
```

然后使用 show collections 命令来验证是否创建成功:

```
> show collections
A
```

此时已经创建好了一个名字为 A 的集合。

刚刚说创建一个简单的集合,为什么这么说呢?因为 createCollection 命令是有一些配置的,它的配置见表 5-2。

表 5-2 createCollection 配置列表

名称	类型	介绍	默认值
capped	布尔值	如果为 true,那么将创建一个固定大小的集合。在插入数据时,MongoDB 会检测当前是否满足条件,如果满足将不会插入数据,将自动覆盖最早的文档,这个选项是依赖于 size 选项的	false
size	数值	这个选项和 capped 是成对出现的,如果指定了数值,那么 capped 将会检测当前文档的大小是否大于 size 定义的数值,如果大于,将不会插入文档,而是去覆盖最早的文档,这个选项的单位是 KB	没有限制
max	数值	此选项是独立存在的,不依赖其他选项。此选项表示这个集合有多少个文档,如果超过将覆盖最早的文档	没有限制
autoIndexId	布尔值	是否把 _id 作为索引	true

2. 创建 employee 和 manage 集合

创建员工数据集合 employee,假设这个集合只能存储两个文档,创建的命令如下:

```
> db.createCollection("employee", { max: 2 })
{ "ok" : 1 }
```

创建管理者数据集合 manage,且这个集合的空间大小不能超过 1MB,命令操作如下:

```
> db.createCollection("manage", { capped: true, size: 1024 })
{ "ok" : 1 }
```

3. 删除集合 manage

MongoDB 提供了一个方法来删除文档,格式如下:

```
db.集合名称.drop()
```

此时,因为 manage 集合不需要了,因此可以将其删除。删除集合的命令如下:

- \> db.manage.drop()
- true

如果删除成功则返回 true，如果删除失败则返回 false。

若尝试删除一个不存在的集合，则其结果是 false。

现在验证 manage 集合是否已经被删除了。

- \> show collections
- A
- employee

可以看到，manage 集合已经被删除了。

项 目 小 结

本项目的主要任务是下载及安装 MongoDB，并配置好环境变量以备后期命令行的使用。本项目还介绍了在 MongoDB 环境下进行连接数据库并创建数据库 e_management_db，在该数据库内创建集合 employee 的方法，读者应理解集合的概念与传统的关系型数据库中表的区别。

项 目 拓 展

1．单选题

（1）MongoDB 的 Value 尺寸限制为（　　）。

    A．1MB   B．3MB   C．4MB   D．6MB

（2）MongoDB 的数据类型为（　　）。

    A．tables   B．Key-Value   C．documents   D．Column-Family

（3）面向文档的数据库的典型代表是（　　）。

    A．MySQL   B．SQL Server   C．Access   D．MongoDB

（4）MongoDB 中的数据文档存储格式是（　　）。

    A．BSON   B．JSON   C．XML   D．documents

2．操作题

要求：安装并配置 MongoDB 数据库环境，连接 MongoDB，创建数据库 e_management_db，并创建一个集合 practice，空间不能超过 1MB，并且文档数量不能超过五条。

Project 6

项目6
在MongoDB数据库中操作员工基本信息

项目概述

在以往的关系型数据库中存放的数据信息要求具有固定格式，如员工表要求存放的记录都具备相同的字段。但现实中，员工的基本信息可能因为收集不全等原因，无法做到每位员工在相同的字段都有内容。如下文字描述新入职员工：小红 22 岁，身高 165 厘米，善于打球；小杰 23 岁，家住北京，工龄 3 年。这些信息对于新员工来说都是有用的，按照传统的数据库是无法存放在表中的。那么如何将这些数据存放在 MongoDB 中呢？本项目即来解决这些问题。

学习目标：

- 掌握文档操作。
- 掌握高级查询。

项目6 在MongoDB数据库中操作员工基本信息

任务1 操作员工信息

任务描述

集合类似于表,但是表中现在还没有数据。如何在集合中添加数据呢?

任务分析

文档的操作是最为重要的,基本文档的操作涉及命令较多,这里将其分为插入、更新、删除、查询来进行详细的说明。

知识准备

文档是一组键值(Key-Value)对(即 BSON),类似于面向对象语言中的字典。MongoDB 的文档不需要设置相同的字段,并且相同的字段不需要相同的数据类型,这与关系型数据库有很大的区别,也是 MongoDB 非常突出的特点。

任务实施

本任务将使用 e_management_db 数据库。

1. 在员工集合 employee 中插入文档

在 MongoDB 中插入文档有四种方法,下面将通过插入部门所有员工文档来逐一介绍这四种方法。在开始之前,需要了解 _id 字段。在 MongoDB 中插入文档时,如果没有指定 _id 字段,那么 MongoDB 会自动生成一个 _id 字段,这个字段可以理解为是这个文档的关键字。它具有全局唯一的特性。这样使得每个文档都是独一无二的,即使插入了两个相同的文档,因为有不同的 _id 存在,那么这两个文档也会有区别。

employee 集合中有六名员工,文档信息见表 6-1。

表 6-1 文档信息

name	department	age
张明	production	36
李晓晓	finance	48
王生文	production	32
何安	marketing	27
吴刚	production	34
李高远	marketing	36

(1) 使用 insert 插入文档

在集合 employee 中插入一个文档。插入一个名字为张明的员工，使用如下命令：

db.employee.insert({"name":" 张明 ","department":"production","age":36})

然后使用 db.employee.find({}) 来查询文档：

- db.employee.insert({"name":" 张明 ","department":"production","age":"36"})
- WriteResult({ "nInserted" : 1 })
- db.employee.find({}){ "_id" : ObjectId("5e4c870b62dbae8bf1aa6781"), "name" : " 张明 ", "department" : "production", "age" : "36" }

可以查看到员工张明已经存在了。

这里需要注意：如果插入文档的集合不存在，那么也不会报错，系统会自动创建这个 employee 集合。

这条命令也可以用于插入多个文档，这里将本部分其他员工"李晓晓"和"王生文"的文档也插入集合 employee 中。命令与查询结果如下：

- > db.employee.insert([{"name":" 李晓晓 ","department":"finance","age":"48"},{"name":" 王生文 ","department":"production","age":"32"}])
- BulkWriteResult({
-     "writeErrors" : [ ],
-     "writeConcernErrors" : [ ],
-     "nInserted" : 2,
-     "nUpserted" : 0,
-     "nMatched" : 0,
-     "nModified" : 0,
-     "nRemoved" : 0,
-     "upserted" : [ ]
- })
- > db.employee.find({})
- { "_id" : ObjectId("5e4c870b62dbae8bf1aa6781"), "name" : " 张明 ", "department" : "production", "age" : "36" }
- { "_id" : ObjectId("5e4c87f862dbae8bf1aa6782"), "name" : " 李晓晓 ", "department" : "finance", "age" : "48" }
- { "_id" : ObjectId("5e4c87f862dbae8bf1aa6783"), "name" : " 王生文 ", "department" : "production", "age" : "32" }

(2) 使用 insertOne 插入一个文档

从名字可以知道，insertOne 操作符只能插入一个文档，不能插入多个文档，但是其返回值将包含创建文档的 _id，在 employee 集合中插入"何安"员工文档：

- > db.employee.insertOne({ "name": " 何安 ","department":"marketing","age":"27"})
- {
-     "acknowledged" : true,
-     "insertedId" : ObjectId("5e4c883562dbae8bf1aa6784")
- }
- > db.employee.find({})
- { "_id" : ObjectId("5e4c870b62dbae8bf1aa6781"), "name" : " 张明 ", "department" : "production", "age" : "36" }

项目6 在MongoDB数据库中操作员工基本信息

- { "_id" : ObjectId("5e4c87f862dbae8bf1aa6782"), "name" : " 李晓晓 ", "department" : "finance", "age" : "48" }
- { "_id" : ObjectId("5e4c87f862dbae8bf1aa6783"), "name" : " 王生文", "department" : "production", "age" : "32" }
- { "_id" : ObjectId("5e4c883562dbae8bf1aa6784"), "name" : " 何安 ", "department" : "marketing", "age" : "27" }

代码中的 insertedId 就是插入文档后 MongoDB 自动生成的 _id 字段值，可以使用 db.employee.find({ "name": " 何安 " }) 来验证：

- > db.employee.find({ "name": " 何安 " })
- { "_id" : ObjectId("5e4c883562dbae8bf1aa6784"), "name" : " 何安 ", "department" : "marketing", "age" : "27" }

发现这里 _id 字段的值与插入的 _id 字段的值是一样的。

（3）使用 insertMany 插入多个文档

从命令的字面意思上可以知道，这个操作符是用于插入多个文档的，将员工"吴刚"和"李高远"的文档使用这条命令来插入：

- > db.employee.insertMany([{ "name": " 吴刚 ","department":"production","age":"34" }, { "name": " 李高远 ","department":"marketing","age":"36" }])
- {
-   "acknowledged" : true,
-   "insertedIds" : [
-       ObjectId("5e4c897a62dbae8bf1aa6785"),
-       ObjectId("5e4c897a62dbae8bf1aa6786")
-   ]
- }

其返回值和使用 insertOne 时不一样，insertOne 的返回值是 insertedId，并且是一个 id 的对象，而 insertMany 的返回值为 insertedIds，是一个数组，数组里包含了多个 id 的对象。

（4）使用 save 更新文档

这个操作符和 insert 的作用十分相似。不过 save 操作符的定义是更新或插入文档。MongoDB 会自动生成 _id 字段，当然用户也可以自己去生成。这里使用 save 命令将员工"小李"的文档插入进来，命令与查询结果如下：

- > db.employee.save({ "_id": "test_id", "name": " 小李 " })
- WriteResult({ "nMatched" : 0, "nUpserted" : 1, "nModified" : 0, "_id" : "test_id" })
- > db.employee.find({})
- { "_id" : ObjectId("5e4c870b62dbae8bf1aa6781"), "name" : " 张明 ", "department" : "production", "age" : "36" }
- { "_id" : ObjectId("5e4c87f862dbae8bf1aa6782"), "name" : " 李晓晓 ", "department" : "finance", "age" : "48" }
- { "_id" : ObjectId("5e4c87f862dbae8bf1aa6783"), "name" : " 王生文 ", "department" : "production", "age" : "32" }
- { "_id" : ObjectId("5e4c883562dbae8bf1aa6784"), "name" : " 何安 ", "department" : "marketing", "age" : "27" }
- { "_id" : ObjectId("5e4c897a62dbae8bf1aa6785"), "name" : " 吴刚 ", "department" : "production", "age" : "34" }

- { "_id" : ObjectId("5e4c897a62dbae8bf1aa6786"), "name" : " 李高远 ", "department" : "marketing", "age" : "36" }
- { "_id" : "test_id", "name" : " 小李 " }

可以看到，创建了一个 _id 为 test_id 的数据。自定义 _id 字段，不限于 save 操作符，前面介绍的三个操作符也是可以的。但是如果使用了 save 操作符，并且指定了一个 _id，而且 _id 的值已经存在了，那么 save 会更新那个文档。这里将增加员工"小崔"的文档，其 _id 与"小李"的一致，此时"小李"文档会被更新为"小崔"的文档，命令与结果如下：

- \> db.employee.save({ "_id": "test_id", "name": " 小崔 " })
- WriteResult({ "nMatched" : 1, "nUpserted" : 0, "nModified" : 1 })
- \> db.employee.find({})
- { "_id" : ObjectId("5e4c870b62dbae8bf1aa6781"), "name" : " 张明 ", "department" : "production", "age" : "36" }
- { "_id" : ObjectId("5e4c87f862dbae8bf1aa6782"), "name" : " 李晓晓 ", "department" : "finance", "age" : "48" }
- { "_id" : ObjectId("5e4c87f862dbae8bf1aa6783"), "name" : " 王生文 ", "department" : "production", "age" : "32" }
- { "_id" : ObjectId("5e4c883562dbae8bf1aa6784"), "name" : " 何安 ", "department" : "marketing", "age" : "27" }
- { "_id" : ObjectId("5e4c897a62dbae8bf1aa6785"), "name" : " 吴刚 ", "department" : "production", "age" : "34" }
- { "_id" : ObjectId("5e4c897a62dbae8bf1aa6786"), "name" : " 李高远 ", "department" : "marketing", "age" : "36" }
- { "_id" : "test_id", "name" : " 小崔 " }

可以看到，当再次使用 test_id 时会更新文档，而不是新增一个文档，因为 MongoDB 是不允许有两个相同 _id 值的。

如果使用 insert 或者其他的插入操作符（除 save），那么将不会插入文档，也不会更新，会报错：

- \> db.employee.insert({ "_id": "test_id", "name": " 小江 " })
- WriteResult({
-     "nInserted" : 0,
-     "writeError" : {
-         "code" : 11000,
-         "errmsg" : "E11000 duplicate key error collection: test.employee index: _id_ dup key: { : \"test_id\" }"
-     }
- })

2．在员工集合 employee 中更新文档

更新文档的方法很多，这里通过在 marketing 的员工集合中增加 office 字段来更新文档的内容，下面分别介绍进行该操作的方法。

（1）save

save 的操作方法在上面已经介绍了，这里就不再阐述了。

（2） update

update 操作符，既可以更新单个文档，也可以更新多个文档。更新多个文档时，需要添加一个配置才可以。

先查看所有文档，然后使用 update 对所有 department 为 marketing 的文档添加一个 office 字段：

- \> db.employee.find({})
- { "_id" : ObjectId("5e4c870b62dbae8bf1aa6781"), "name" : " 张明 ", "department" : "production", "age" : "36" }
- { "_id" : ObjectId("5e4c87f862dbae8bf1aa6782"), "name" : " 李晓晓 ", "department" : "finance", "age" : "48" }
- { "_id" : ObjectId("5e4c87f862dbae8bf1aa6783"), "name" : " 王生文 ", "department" : "production", "age" : "32" }
- { "_id" : ObjectId("5e4c883562dbae8bf1aa6784"), "name" : " 何安 ", "department" : "marketing", "age" : "27" }
- { "_id" : ObjectId("5e4c897a62dbae8bf1aa6785"), "name" : " 吴刚 ", "department" : "production", "age" : "34" }
- { "_id" : ObjectId("5e4c897a62dbae8bf1aa6786"), "name" : " 李高远 ", "department" : "marketing", "age" : "36" }
- { "_id" : "test_id", "name" : " 小崔 " }
- \> db.employee.update({ "department":"marketing" }, { $set:{ "office":"Room101" } }, { multi:true })
- WriteResult({ "nMatched" : 2, "nUpserted" : 0, "nModified" : 2 })
- \> db.employee.find({})
- { "_id" : ObjectId("5e4c870b62dbae8bf1aa6781"), "name" : " 张明 ", "department" : "production", "age" : "36" }
- { "_id" : ObjectId("5e4c87f862dbae8bf1aa6782"), "name" : " 李晓晓 ", "department" : "finance", "age" : "48" }
- { "_id" : ObjectId("5e4c87f862dbae8bf1aa6783"), "name" : " 王生文 ", "department" : "production", "age" : "32" }
- { "_id" : ObjectId("5e4c883562dbae8bf1aa6784"), "name" : " 何安 ", "department" : "marketing", "age" : "27", "office" : "Room101" }
- { "_id" : ObjectId("5e4c897a62dbae8bf1aa6785"), "name" : " 吴刚 ", "department" : "production", "age" : "34" }
- { "_id" : ObjectId("5e4c897a62dbae8bf1aa6786"), "name" : " 李高远 ", "department" : "marketing", "age" : "36", "office" : "Room101" }
- { "_id" : "test_id", "name" : " 小崔 " }

可以看到，其中所有的 marketing（市场部）员工文档都增加了 office 这个字段，现在来说明命令中的意思：

update 接收三个参数，分别是查询语句、要更新的字段、更新选择。update 操作符格式如下：

db. 集合名称 .update(查询条件 , 要更新字段 , 更新选择)

在要更新的字段里使用了 $set 的语法，可以理解为，只更新指定字段，保留其他的字段。如果不加 $set，则可以看到以下结果：

- \> db.employee.update({ "name":" 小崔 " }, { "age": 22 })
- WriteResult({ "nMatched" : 1, "nUpserted" : 0, "nModified" : 1 })
- \> db.employee.find({})

- { "_id" : ObjectId("5e4c870b62dbae8bf1aa6781"), "name" : " 张明 ", "department" : "production", "age" : "36" }
- { "_id" : ObjectId("5e4c87f862dbae8bf1aa6782"), "name" : " 李晓晓 ", "department" : "finance", "age" : "48" }
- { "_id" : ObjectId("5e4c87f862dbae8bf1aa6783"), "name" : " 王生文 ", "department" : "production", "age" : "32" }
- { "_id" : ObjectId("5e4c883562dbae8bf1aa6784"), "name" : " 何安 ", "department" : "marketing", "age" : "27", "office" : "Room101" }
- { "_id" : ObjectId("5e4c897a62dbae8bf1aa6785"), "name" : " 吴刚 ", "department" : "production", "age" : "34" }
- { "_id" : ObjectId("5e4c897a62dbae8bf1aa6786"), "name" : " 李高远 ", "department" : "marketing", "age" : "36", "office" : "Room101" }
- { "_id" : "test_id", "age" : 22 }

此时发现"小崔"字段已经不见了,说明不加 $set,整个文档都会从更新切换到替换默认。

读者应该也注意到了另一个字段,即 multi,它是 update 更新多个文档的选项。如果它为 true,则会更新所有匹配的文档;如果为 false,那么只会匹配第一个文档,后面的文档即使满足条件也不会更新了,默认为 false。

upsert 选项用于在没有匹配到文档时创建一个字段:

- > db.employee.update({ "name": " 小刘 " }, { $set: { "name": " 小何 ", "age": 20 } }, { "upsert": true })
- WriteResult({
-     "nMatched" : 0,
-     "nUpserted" : 1,
-     "nModified" : 0,
-     "_id" : ObjectId("5e4dc7804bab3c7413560fb4")
- })
- > db.employee.find({})
- { "_id" : ObjectId("5e4c870b62dbae8bf1aa6781"), "name" : " 张明 ", "department" : "production", "age" : "36" }
- { "_id" : ObjectId("5e4c87f862dbae8bf1aa6782"), "name" : " 李晓晓 ", "department" : "finance", "age" : "48" }
- { "_id" : ObjectId("5e4c87f862dbae8bf1aa6783"), "name" : " 王生文 ", "department" : "production", "age" : "32" }
- { "_id" : ObjectId("5e4c883562dbae8bf1aa6784"), "name" : " 何安 ", "department" : "marketing", "age" : "27", "office" : "Room101" }
- { "_id" : ObjectId("5e4c897a62dbae8bf1aa6785"), "name" : " 吴刚 ", "department" : "production", "age" : "34" }
- { "_id" : ObjectId("5e4c897a62dbae8bf1aa6786"), "name" : " 李高远 ", "department" : "marketing", "age" : "36", "office" : "Room101" }
- { "_id" : "test_id", "age" : 22 }
- { "_id" : ObjectId("5e4dc7804bab3c7413560fb4"), "name" : " 小何 ", "age" : 20 }

如果没有匹配到 name 为"小刘"的文档,将会创建一个新的文档,其文档的 name 为"小何"。

(3) updateOne

updateOne 的字面意思是只能更新一个字段,作用与不加 multi 的 update 操作符是基本一样的。不同的是 updateOne 没有 multi 选项,而且返回值不一样,在修改时只会修改第一个,若其他处也有匹配文档，则不会被修改。

（4）updateMany

这个操作符的使用方法和 updateOne 基本一样，相当于加了 multi 的 update 方法。为了保证正常员工的数据状态，这里将测试文档修改后作为演示内容，先将 _id 为 test_id 的文档修改 name 为"小何"，再进行更新：

- \> db.employee.update({ "_id": "test_id" }, { $set: { "name": " 小何 " } })
- WriteResult({ "nMatched" : 1, "nUpserted" : 0, "nModified" : 1 })
- \> db.employee.find({})   })
- { "_id" : ObjectId("5e4c870b62dbae8bf1aa6781"), "name" : " 张明 ", "department" : "production", "age" : "36" }
- { "_id" : ObjectId("5e4c87f862dbae8bf1aa6782"), "name" : " 李晓晓 ", "department" : "finance", "age" : "48" }
- { "_id" : ObjectId("5e4c87f862dbae8bf1aa6783"), "name" : " 王生文 ", "department" : "production", "age" : "32" }
- { "_id" : ObjectId("5e4c883562dbae8bf1aa6784"), "name" : " 何安 ", "department" : "marketing", "age" : "27", "office" : "Room101" }
- { "_id" : ObjectId("5e4c897a62dbae8bf1aa6785"), "name" : " 吴刚 ", "department" : "production", "age" : "34" }
- { "_id" : ObjectId("5e4c897a62dbae8bf1aa6786"), "name" : " 李高远 ", "department" : "marketing", "age" : "36", "office" : "Room101" }
- { "_id" : "test_id", "age" : 22, "name" : " 小何 " }
- { "_id" : ObjectId("5e4dc7804bab3c7413560fb4"), "name" : " 小何 ", "age" : 20 }
- \> db.employee.updateMany({ "name": " 小何 " }, { $set: { "age": "40" } })
- { "acknowledged" : true, "matchedCount" : 2, "modifiedCount" : 2 }
- \> db.employee.find({})   })
- { "_id" : ObjectId("5e4c870b62dbae8bf1aa6781"), "name" : " 张明 ", "department" : "production", "age" : "36" }
- { "_id" : ObjectId("5e4c87f862dbae8bf1aa6782"), "name" : " 李晓晓 ", "department" : "finance", "age" : "48" }
- { "_id" : ObjectId("5e4c87f862dbae8bf1aa6783"), "name" : " 王生文 ", "department" : "production", "age" : "32" }
- { "_id" : ObjectId("5e4c883562dbae8bf1aa6784"), "name" : " 何安 ", "department" : "marketing", "age" : "27", "office" : "Room101" }
- { "_id" : ObjectId("5e4c897a62dbae8bf1aa6785"), "name" : " 吴刚 ", "department" : "production", "age" : "34" }
- { "_id" : ObjectId("5e4c897a62dbae8bf1aa6786"), "name" : " 李高远 ", "department" : "marketing", "age" : "36", "office" : "Room101" }
- { "_id" : "test_id", "age" : "40", "name" : " 小何 " }
- { "_id" : ObjectId("5e4dc7804bab3c7413560fb4"), "name" : " 小何 ", "age" : "40" }

从显示的结果可以看出，两个 name 为小何的 age 都变为了 40。

（5）replaceOne

replaceOne 为替换操作符，这里将 _id 为 test_id 的文档替换为"小李"：

- \> db.employee.replaceOne({ "_id": "test_id" }, { "name": " 小李 " })
- { "acknowledged" : true, "matchedCount" : 1, "modifiedCount" : 1 }
- \> db.employee.find({})   })
- { "_id" : ObjectId("5e4c870b62dbae8bf1aa6781"), "name" : " 张明 ", "department" : "production", "age" : "36" }

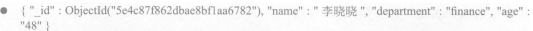

- { "_id" : ObjectId("5e4c87f862dbae8bf1aa6782"), "name" : " 李晓晓 ", "department" : "finance", "age" : "48" }
- { "_id" : ObjectId("5e4c87f862dbae8bf1aa6783"), "name" : " 王生文 ", "department" : "production", "age" : "32" }
- { "_id" : ObjectId("5e4c883562dbae8bf1aa6784"), "name" : " 何安 ", "department" : "marketing", "age" : "27", "office" : "Room101" }
- { "_id" : ObjectId("5e4c897a62dbae8bf1aa6785"), "name" : " 吴刚 ", "department" : "production", "age" : "34" }
- { "_id" : ObjectId("5e4c897a62dbae8bf1aa6786"), "name" : " 李高远 ", "department" : "marketing", "age" : "36", "office" : "Room101" }
- { "_id" : "test_id", "name" : " 小李 " }
- { "_id" : ObjectId("5e4dc7804bab3c7413560fb4"), "name" : " 小何 ", "age" : "40" }

3．在员工集合 employee 中删除文档

删除文档较为简单，MongoDB 提供了 remove 操作符，命令格式如下：

db. 集合 .remove(查询条件, 选项)

这里将员工集合中的"小何"文档删除：

- > db.employee.remove({ "name": " 小何 " })
- WriteResult({ "nRemoved" : 1 })
- > db.employee.find({})
- { "_id" : ObjectId("5e4c870b62dbae8bf1aa6781"), "name" : " 张明 ", "department" : "production", "age" : "36" }
- { "_id" : ObjectId("5e4c87f862dbae8bf1aa6782"), "name" : " 李晓晓 ", "department" : "finance", "age" : "48" }
- { "_id" : ObjectId("5e4c87f862dbae8bf1aa6783"), "name" : " 王生文 ", "department" : "production", "age" : "32" }
- { "_id" : ObjectId("5e4c883562dbae8bf1aa6784"), "name" : " 何安 ", "department" : "marketing", "age" : "27", "office" : "Room101" }
- { "_id" : ObjectId("5e4c897a62dbae8bf1aa6785"), "name" : " 吴刚 ", "department" : "production", "age" : "34" }
- { "_id" : ObjectId("5e4c897a62dbae8bf1aa6786"), "name" : " 李高远 ", "department" : "marketing", "age" : "36", "office" : "Room101" }
- { "_id" : "test_id", "name" : " 小李 " }

有一个 justOne 选项，这个选项的值为 true 时，只会删除一个文档，如果为 false，则删除所有匹配的文档。默认为 false，这里完善员工集合，将进行测试用的"小李"文档删除：

- > db.employee.remove({ "name": " 小李 " }, { "justOne": true })
- WriteResult({ "nRemoved" : 1 })
- > db.employee.find({})
- { "_id" : ObjectId("5e4c870b62dbae8bf1aa6781"), "name" : " 张明 ", "department" : "production", "age" : "36" }
- { "_id" : ObjectId("5e4c87f862dbae8bf1aa6782"), "name" : " 李晓晓 ", "department" : "finance", "age" : "48" }
- { "_id" : ObjectId("5e4c87f862dbae8bf1aa6783"), "name" : " 王生文 ", "department" : "production", "age" : "32" }
- { "_id" : ObjectId("5e4c883562dbae8bf1aa6784"), "name" : " 何安 ", "department" : "marketing", "age" : "27", "office" : "Room101" }
- { "_id" : ObjectId("5e4c897a62dbae8bf1aa6785"), "name" : " 吴刚 ", "department" : "production", "age" : "34" }

- { "_id" : ObjectId("5e4c897a62dbae8bf1aa6786"), "name" : " 李高远 ", "department" : "marketing", "age" : "36", "office" : "Room101" }

4．在员工集合 employee 中查询文档

之前使用 find 操作符来查询全部的文档，现在根据某些条件去查询指定员工文档。这里先查看所有文档：

- \> db.employee.find({})
- { "_id" : ObjectId("5e4c870b62dbae8bf1aa6781"), "name" : " 张明 ", "department" : "production", "age" : "36" }
- { "_id" : ObjectId("5e4c87f862dbae8bf1aa6782"), "name" : " 李晓晓 ", "department" : "finance", "age" : "48" }
- { "_id" : ObjectId("5e4c87f862dbae8bf1aa6783"), "name" : " 王生文 ", "department" : "production", "age" : "32" }
- { "_id" : ObjectId("5e4c883562dbae8bf1aa6784"), "name" : " 何安 ", "department" : "marketing", "age" : "27", "office" : "Room101" }
- { "_id" : ObjectId("5e4c897a62dbae8bf1aa6785"), "name" : " 吴刚 ", "department" : "production", "age" : "34" }
- { "_id" : ObjectId("5e4c897a62dbae8bf1aa6786"), "name" : " 李高远 ", "department" : "marketing", "age" : "36", "office" : "Room101" }

现在将 age 为 36 的员工查找出来，命令如下：

db.employee.find({"age":"36"})

显示结果为：

- \> db.employee.find({"age":"36"})
- { "_id" : ObjectId("5e4c870b62dbae8bf1aa6781"), "name" : " 张明 ", "department" : "production", "age" : "36" }
- { "_id" : ObjectId("5e4c897a62dbae8bf1aa6786"), "name" : " 李高远 ", "department" : "marketing", "age" : "36", "office" : "Room101" }

发现 age 为 36 的有两名员工，分别是张明和李高远。但是结果中出现了很多不需要的字段，如 _id，这时就可以使用 find 的第二个参数把它们过滤掉：

- \> db.employee.find({"age":"36"},{"_id":0,"name":1})
- { "name" : " 张明 " }
- { "name" : " 李高远 " }

此时发现没有其他字段了。第二个参数中的 0 代表不显示，1 代表显示。

任务 2　筛查员工信息

任务描述

数据库存储了大量的数据，当需要特定的数据时，就要根据一定的条件筛选出想要的数据，这就要使用到 MongoDB 中的文档查询方法。本任务需要利用查询功能帮助管理者实现有效的管理。

任务分析

利用 MongoDB 自身提供的方法来进行大小比较、包含、不包含、过滤、判断等高级查询。学习完本任务，读者应能够熟练地使用这些高级的查询方法。

知识准备

MongoDB 支持的查询语言非常强大，语法规则类似于面向对象的查询语言，可以实现类似关系型数据库单表查询的绝大部分功能。并且由于 MongoDB 可以支持复杂的数据结构，不受二维表形式的限制，因此 MongoDB 的查询速度非常快。

任务实施

1. 查询 employee 集合中年龄大于 35 岁的员工信息

MongoDB 提供了大小比较操作符，如：

- 大于：$gt。
- 小于：$lt。
- 大于或小于：$gte。
- 小于或等于：$lte。

查找 35 岁以上的员工，命令与显示结果如下：

```
> db.employee.find({"age":{$gt:"35"}})
{ "_id" : ObjectId("5e4c870b62dbae8bf1aa6781"), "name" : " 张明 ", "department" : "production", "age" : "36" }
{ "_id" : ObjectId("5e4c87f862dbae8bf1aa6782"), "name" : " 李晓晓 ", "department" : "finance", "age" : "48" }
{ "_id" : ObjectId("5e4c897a62dbae8bf1aa6786"), "name" : " 李高远 ", "department" : "marketing", "age" : "36", "office" : "Room101" }
```

注意：age 后面不是一个值，而是一个被大括号括起来的对象。

2. 查询 department 为 marketing 和 production 的员工

$in 操作符可接收一个数组，指定需要筛选保留的项。

查询 department 为 marketing 和 production 的员工，命令与显示结果如下：

- > db.employee.find({ "department": { $in: ["marketing", "production"] } })
- { "_id" : ObjectId("5e4c870b62dbae8bf1aa6781"), "name" : " 张明 ", "department" : "production", "age" : "36" }
- { "_id" : ObjectId("5e4c87f862dbae8bf1aa6783"), "name" : " 王生文 ", "department" : "production", "age" : "32" }
- { "_id" : ObjectId("5e4c883562dbae8bf1aa6784"), "name" : " 何安 ", "department" : "marketing", "age" : "27", "office" : "Room101" }
- { "_id" : ObjectId("5e4c897a62dbae8bf1aa6785"), "name" : " 吴刚 ", "department" : "production", "age" : "34" }

项目6
在MongoDB数据库中操作员工基本信息

- { "_id" : ObjectId("5e4c897a62dbae8bf1aa6786"), "name" : " 李高远 ", "department" : "marketing", "age" : "36", "office" : "Room101" }

3. 查询 department 不是 production 和 marketing 的员工

$nin 操作符可接收一个数组，数组里的值就是不需要的值。

查询 department 不是 production 和 marketing 的员工，命令与结果如下：

- > db.employee.find({ "department": { $nin: ["production","marketing"] } })
- { "_id" : ObjectId("5e4c87f862dbae8bf1aa6782"), "name" : " 李晓晓 ", "department" : "finance", "age" : "48" }

4. 查询 department 不是 production 的员工

不等于操作符和 $nin 是十分相似的，$nin 可接收一个数组，而不等于操作符 $ne 只接收一个值，不接收数组，用法和 $nin 类似。查询 department 不是 production 的员工，命令与结果如下：

- > db.employee.find({ "department": { $ne: "production" } })
- { "_id" : ObjectId("5e4c87f862dbae8bf1aa6782"), "name" : " 李晓晓 ", "department" : "finance", "age" : "48" }
- { "_id" : ObjectId("5e4c883562dbae8bf1aa6784"), "name" : " 何安 ", "department" : "marketing", "age" : "27", "office" : "Room101" }
- { "_id" : ObjectId("5e4c897a62dbae8bf1aa6786"), "name" : " 李高远 ", "department" : "marketing", "age" : "36", "office" : "Room101" }

5. 在 employee 集合中查找两名员工

数据库可能会有成千上万的数据，随便一个查询，就会查到很多的结果，如何来显示指定数据的文档，就需要 limit() 这个方法来进行限制。现查找两名员工，命令与结果显示如下：

- > db.employee.find().limit(2)
- { "_id" : ObjectId("5e4c870b62dbae8bf1aa6781"), "name" : " 张明 ", "department" : "production", "age" : "36" }
- { "_id" : ObjectId("5e4c87f862dbae8bf1aa6782"), "name" : " 李晓晓 ", "department" : "finance", "age" : "48" }

6. 查询 employee 中文档的数目

在一些场景中经常需要查看当前集合中的数据数目，可以使用 count() 方法来实现。查询 employee 中文档数目的命令与结果如下：

- > db.employee.count();
- 6

7. 将 employee 中的所有员工按年龄进行降序排列

排序所需要用到的方法为 sort()。该方法可接收一个对象，Key 为要排序的字段名，值为 1 或者 -1。1 表示升序（asc），-1 表示降序（desc）。

现在对员工数据中的年龄进行降序排列，命令与结果如下：

NoSQL数据库技术及应用

```
> db.employee.find().sort({ "age": -1 })
{ "_id" : ObjectId("5e4c87f862dbae8bf1aa6782"), "name" : " 李晓晓 ", "department" : "finance", "age" : "48" }
{ "_id" : ObjectId("5e4c870b62dbae8bf1aa6781"), "name" : " 张明 ", "department" : "production", "age" : "36" }
{ "_id" : ObjectId("5e4c897a62dbae8bf1aa6786"), "name" : " 李高远 ", "department" : "marketing", "age" : "36", "office" : "Room101" }
{ "_id" : ObjectId("5e4c897a62dbae8bf1aa6785"), "name" : " 吴刚 ", "department" : "production", "age" : "34" }
{ "_id" : ObjectId("5e4c87f862dbae8bf1aa6783"), "name" : " 王生文 ", "department" : "production", "age" : "32" }
{ "_id" : ObjectId("5e4c883562dbae8bf1aa6784"), "name" : " 何安 ", "department" : "marketing", "age" : "27", "office" : "Room101" }
```

项目小结

本项目的主要任务是在创建好的数据库与集合中进行添加、更新、删除、查找文档操作，对既有文档按条件筛查以显示需要的结果。

项目拓展

1．在集合 practice 中添加文档，见表 6-2。

表 6-2　员工信息表

工号	姓名	年龄	性别
1001	Tom	35	male
1002	Jack	26	male
1003	Rose	31	female
1004	Bob	29	male
1005	Gavin	24	male

2．查询性别为 male 的员工。

3．按照员工年龄进行升序排列。

Project 7

项目7
应用MongoDB建立员工信息索引

项目概述

通过本项目掌握在 MongoDB 中通过建立索引进行高效的查询,并掌握创建索引、维护索引的方法等。

学习目标:

- 掌握 MongoDB 创建索引的方法。
- 掌握 MongoDB 维护索引的常用方法。
- 掌握 MongoDB 索引的效率分析方法。

项目7 应用MongoDB建立员工信息索引

任务1 创建索引

任务描述

MongoDB 数据库已经创建好，读者应能完成在集合中添加、更新、删除、查找文档的操作，以及对既有文档按条件筛查以显示需要的结果。本任务讲解在 MongoDB 中通过建立索引进行高效的查询，运用 MongoDB 创建索引的操作命令。

任务分析

在 MongoDB 中，通过建立索引可以进行高效的查询，索引通常能够极大地提高查询的效率。如果没有索引，MongoDB 在读取数据时必须扫描集合中的每个文档，并选取那些符合查询条件的记录。

知识准备

索引是特殊的数据结构，存储在一个易于遍历读取的数据集合中，是对数据库表中一列或多列的值进行排序的一种结构。索引通常能极大地提高查询的效率。如 userInfo 集合里，有四个文档（省去了_id 字段）。如果现在需要查询所有年龄为 18 岁的人，那么 db.userInfo.find({age:18}) 会遍历所有文档，然后根据每个文档的位置信息读出文档。索引存储位置见表 7-1。当集合中的文档数量在百万、千万或更多的情况下，对集合进行全表扫描，那么开销将会非常大。

表 7-1 索引存储位置

位置信息	文档
pos1	{"name" : "jack", "age" : 19 }
pos2	{"name" : "rose", "age" : 20 }
pos3	{"name" : "jack", "age" : 18 }
pos4	{"name" : "tony", "age" : 21 }
pos5	{"name" : "adam", "age" : 18 }

为了提高查找效率，可以对 userInfo 集合的 age 字段建立索引。建立索引后，MongoDB 会额外存储一份按 age 字段升序排列的索引数据，索引结构见表 7-2。

表 7-2 索引结构

Age	位置信息
16	位置3
17	位置2
18	位置1
18	位置4

这样就可以快速地从索引里找出某个 age 值对应的位置信息，然后根据位置信息读取对应的文档。索引通常能够极大地提高查询的效率，如果没有索引，扫描全集合的查询效率是非常低的，特别在处理大量的数据时，查询可能要花费较长的时间，这对网站来说是非常致命的。

简单地说，索引就是将文档按照某个（或某些）字段顺序组织起来，以便能根据该字段高效地查询。有了索引，至少能优化如下场景的效率：

1）查询：例如查询年龄为 18 岁的所有人。

2）更新 / 删除：例如将年龄为 18 岁的所有人的信息更新或删除，因为更新或删除时，需要根据条件先查询出所有符合条件的文档，所以本质上还是在优化查询。

3）排序：例如将所有人的信息按年龄排序，如果没有索引，则需要全表扫描文档，然后对扫描的结果进行排序。

众所周知，MongoDB 默认会为插入的文档生成 _id 字段（如果应用本身没有指定该字段），_id 是文档唯一的标识。为了保证能根据文档 id 快递查询文档，MongoDB 默认会为集合创建 _id 字段的索引。

1．MongoDB 索引类型

MongoDB 支持多种类型的索引，包括单字段索引、复合索引、多 Key 索引、文本索引等，每种类型的索引有不同的使用场合。

（1）单字段索引（Single Field Index）

```
db.person.createIndex( {age: 1} )
```

上述语句针对 age 创建了单字段索引，其能加速对 age 字段的各种查询请求的处理，是最常见的索引形式。MongoDB 默认创建的 id 索引也是这种类型。

{age: 1} 代表升序索引，也可以通过 {age: -1} 来指定降序索引。对于单字段索引，升序 / 降序效果是一样的。

（2）复合索引（Compound Index）

复合索引是单字段索引（Single Field Index）的升级版本，它针对多个字段联合创建索引，先按第一个字段排序，第一个字段相同的文档按第二个字段排序，以此类推。下面针对 age、name 这两个字段创建一个复合索引。

```
db.person.createIndex( {age: 1, name: 1} )
```

上述索引对应的数据组织类似表 7-3，与 {age: 1} 索引不同的是，当 age 字段相同时，再根据 name 字段进行排序，所以 pos5 对应的文档排在 pos3 之前。

表 7-3 索引对应的数据组织

age，name	位置信息
18, adam	pos5
18, jack	pos3
19, jack	pos1
20, rose	pos2

复合索引能满足的查询场景比单字段索引更丰富，不仅能满足多个字段组合起来的查询，如 db.person.find({age: 18, name: "jack"})，也能满足所有符合索引前缀的查询，这里的 {age: 1} 即为 {age: 1, name: 1} 的前缀，所以类似 db.person.find({age: 18}) 的查询也能通过该索引来加速，但 db.person.find({name: "jack"}) 则无法使用该复合索引。如果经常需要根据 name 字段以及 name 和 age 字段的组合来查询，则应该创建如下复合索引：

```
db.person.createIndex( {name: 1, age: 1} )
```

除了查询的需求能够影响索引的顺序外，字段的值分布也是一个重要的考量因素，即使 person 集合所有的查询都是 name 和 age 字段的组合（指定特定的 name 和 age），字段的顺序也是有影响的。

age 字段的取值很有限，即拥有相同 age 字段的文档会有很多；而 name 字段的取值则相对丰富，拥有相同 name 字段的文档很少。此时，显然先按 name 字段查找，再在相同 name 的文档里查找 age 字段更为高效。

（3）多 Key 索引（Multikey Index）

当索引的字段为数组时，创建出的索引称为多 Key 索引。多 Key 索引会为数组的每个元素建立一条索引，比如，在 person 表中加入一个 habbit 字段（数组）以用于描述兴趣爱好，需要查询有相同兴趣爱好的人，就可以利用 habbit 字段的多 Key 索引。

```
{"name" : "jack", "age" : 19, habbit: ["football, runnning"]}
db.person.createIndex( {habbit: 1} )  // 自动创建多 Key 索引
db.person.find( {habbit: "football"} )
```

（4）其他类型索引

哈希索引（Hashed Index）是指按照某个字段的 hash 值来建立索引，目前主要用于 MongoDB Sharded Cluster 的 Hash 分片。哈希索引只能满足字段完全匹配的查询，不能满足范围查询等。

地理位置索引（Geospatial Index）能很好地解决 O2O 的应用场景，比如查找附近的美食、查找某个区域内的车站等。

文本索引（Text Index）能满足快速文本查找的需求，比如有一个博客文章集合，需要根据博客的内容来快速查找，则可以针对博客内容建立文本索引。

2．索引属性

MongoDB 除了支持多种不同类型的索引外，还能对索引定制一些特殊的属性。

唯一索引（Unique Index）：保证索引对应的字段不会出现相同的值，比如，_id 索引就是唯一索引。

TTL 索引：可以针对某个时间字段指定文档的过期时间（经过指定时间后过期或在某个时间点过期）。

部分索引（Partial Index）：只针对符合某个特定条件的文档建立索引，MongoDB 3.2

版本才支持该特性。

稀疏索引（Sparse Index）：只针对存在索引字段的文档建立索引，可看作是部分索引的一种特殊情况。

创建索引语法：

```
db.collection.createIndex(keys, options)
```

keys 表示要建立索引的字段和值，字段是索引键，值描述该字段的索引类型。字段的类型为升序索引，应设置指定值为 1；降序索引，应设置指定值为 –1。

可选参数见表 7-4。

表 7-4　创建索引可选参数

参数名称	数据类型	解释说明
background	Boolean	建立索引的过程中会阻塞其他数据库操作，background 可指定以后台方式创建索引。"background" 默认值为 false
unique	Boolean	建立的索引是否唯一。指定为 true 表示创建唯一索引。默认值为 false
name	string	索引的名称。如果未指定，则 MongoDB 通过连接索引的字段名和排列顺序生成一个索引名称

那么如何添加索引呢？其实 MongoDB 在默认情况下会为文档的 _id 字段添加索引。其他字段的索引添加需要手动来操作。

任务实施

本任务使用名为 e_management_db 的数据库，在使用前需要把当前数据库切换至名为 e_management_db 的数据库。

1．添加单字段索引

使用添加索引语句添加单字段索引：

```
> db.employee.createIndex({"age":1})
{
    "createdCollectionAutomatically" : false,
    "numIndexesBefore" : 1,
    "numIndexesAfter" : 2,
    "ok" : 1
}
```

上面的代码中，为表 employee 的 age 字段指定按升序创建索引，如果想降序来创建，那么只需将字段的值改为"–1"即可。这种索引就是单字段索引。

2．添加多字段索引

使用添加索引语句添加多字段索引：

```
> db.employee.createIndex({"age":1,"name":1})
{
    "createdCollectionAutomatically" : false,
    "numIndexesBefore" : 2,
    "numIndexesAfter" : 3,
    "ok" : 1
}
```

也可同时为多个字段创建索引，这种索引称为复合索引。首先按第一个字段排序，第一个字段相同的文档按第二个字段排序，以此类推。

3．添加多 Key 索引

userInfo 用户信息集合中加入一个字段 skills（数组）用于描述擅长技能。需要查询相同技能的人时，就可以利用 skills 字段的多 Key 索引：

```
{
    "name":" 小兰 ",
    "age":18,
    "skills":["painting","sing"]
}
```

接下来使用添加索引语句并利用 skills 字段添加一条多 Key 索引：

>db.employee.createIndex({"skills":1}) // 自动创建多 Key 索引

当索引的字段为数组时，创建出的索引称为多 Key 索引。多 Key 索引会为数组的每个元素建立一条索引。

注意：虽然索引可以提高查询的效率，但是同时也降低了 insert 和 update 操作的效率。因为 insert 和 update 操作可能会重建索引，所以索引数不宜过多，一个表的索引数最好不要超过六个。

索引一般用在返回结果只是总体数据的一小部分的时候。根据经验，一旦返回的数据达到集合的一半，就不要使用索引了。

若是已经对某个字段建立了索引，又想在大规模查询时不使用（因为使用索引可能会低效），则可以使用自然排序（指按照磁盘上的存储顺序返回数据），用 {"$natural":1} 来强制 MongoDB 禁用索引。如果某个查询不用索引，MongoDB 就会做全表扫描，即逐个扫描文档，遍历整个集合以找到结果。

任务 2　维 护 索 引

任务描述

前面已经介绍了 MongoDB 数据库中索引的创建，本任务讲解在 MongoDB 数据库中如何维护索引。

任务分析

在 MongoDB 中，通过建立索引可以进行高效的查询，索引通常能够极大地提高查询的效率。索引创建好后，还需要通过查看索引和删除索引命令完成索引的维护工作。

知识准备

1．查看索引

MongoDB 提供了查看索引信息的方法：getIndexes() 方法可以用来查看集合的所有索引，totalIndexSize() 查看集合索引的总大小，db.system.indexes.find() 查看数据库中的所有索引信息。

2．删除索引

不需要的索引，可以将其删除。删除索引时，可以删除集合中的某一个索引，也可以删除全部索引。

删除指定的索引使用 dropIndex()；删除所有索引使用 dropIndexes()。

任务实施

本任务使用名为 e_management_db 的数据库，在使用前需要把当前数据库切换至名为 e_management_db 的数据库。

1．查看索引

首先使用查看索引语句 db.employee. getIndexes() 查看集合的所有索引：

```
> db. employee.getIndexes()
[
    {
        "v" : 2,
        "key" : {
            "_id" : 1
        },
        "name" : "_id_",
        "ns" : "e_mangement_db.employee"
    },
    {
        "v" : 2,
        "key" : {
        "age" : 1
        },
        "name" : "age_1",
        "ns" : "e_mangement_db.employee"
```

```
    },
    {
        "v" : 2,
        "key" : {
            "age" : 1,
            "name" : 1
        },
        "name" : "age_1_name_1",
        "ns" : "e_mangement_db.employee"
    }
]
```

然后使用查看索引语句 db.employee. totalIndexSize() 查看集合索引的总大小：

```
> db. employee.totalIndexSize()
57344
```

最后使用查看索引语句 db.system.indexes.find() 查看数据库中的所有索引信息。

```
> db.system.indexes.find()
```

2．删除索引

使用删除索引语句 db.employee.dropIndex() 删除集合 employee 中名为 " age_1_name_1" 的索引：

```
> db. employee.dropIndex("age_1_name_1")
{ "nIndexesWas" : 3, "ok" : 1 }
```

使用查看索引语句 db.employee. getIndexes() 查看集合的所有索引：

```
> db. employee.getIndexes()
[
    {
        "v" : 2,
        "key" : {
            "_id" : 1
        },
        "name" : "_id_",
        "ns" : "e_mangement_db.employee"
    },
    {
        "v" : 2,
        "key" : {
            "age" : 1
        },
        "name" : "age_1",
        "ns" : "e_mangement_db.employee"
    }
]
```

可以看到，前面创建的索引已经删除了。

使用删除索引语句 db.employee.dropIndexes() 删除所有索引：

```
> db. employee.dropIndexes()
{
    "nIndexesWas" : 2,
    "msg" : "non-_id indexes dropped for collection",
    "ok" : 1
}
```

使用查看索引语句 db.employee. getIndexes() 查看集合的所有索引：

```
> db. employee.getIndexes()
[
    {
        "v" : 2,
        "key" : {
            "_id" : 1
        },
        "name" : "_id_",
        "ns" : "e_mangement_db.employee"
    }
]
```

可以看到，前面创建的所有索引都被删除了。

任务 3　比较索引的效率

任务描述

MongoDB 的索引到底能不能提高查询效率呢？这里通过一个例子来测试，比较同样的数据在无索引和有索引情况下的查询速度。

任务分析

人们往往会通过整理数据来分析业务的性能，这时会发现很多性能问题都出现在与数据库相关的操作上，这时由于数据库的查询和存取都涉及大量的 I/O 操作，而且有时由于使用不当，会导致 I/O 操作的大幅度增长，从而导致性能问题。而 MongoDB 提供了一个 explain 工具来分析数据库的操作。

知识准备

索引最常用的比喻就是书籍的目录，查询索引就像查询一本书的目录。本质上目录是由书中的一小部分内容信息（比如题目）和内容的位置信息（页码）共同构成，而由于信息

项目7 应用MongoDB建立员工信息索引

量小（只有题目），所以可以很快找到人们想要的信息片段，再根据页码找到相应的内容。同样，索引也是只保留某个域的一部分信息（建立了索引的 field 信息），以及对应的文档的位置信息。

假设有表 7-5 的文档信息（每行的数据在 MongoDB 中存在于一个 document 中）。

表 7-5 文档信息

姓名	id	部门	city	score
张三	2	×××	Beijing	90
李四	1	×××	Shanghai	70
王五	3	×××	guangzhou	60

假如要找 id 为 2 的 document（即张三的记录），如果没有索引，就需要扫描整个数据表，然后找出所有为 2 的 document。当数据表中有大量 document 的时候，这个时间就会非常长（从磁盘上查找数据还涉及大量的 I/O 操作）。建立索引后会有什么变化呢？MongoDB 会将 id 数据拿出来建立索引数据，见表 7-6。

表 7-6 对应索引位置信息

索引值	位置
1	pos2
2	pos1
3	pos3

这样就可以通过扫描这个表找到 document 对应的位置。

查找过程如图 7-1 所示。

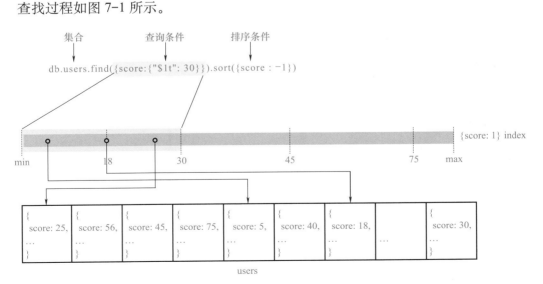

图 7-1 查找过程

为什么这样速度会快呢？这主要有以下几方面的原因。

1）索引数据通过 B+ 树来存储，从而使得搜索的时间复杂度为 $O(\log_d N)$ 级别的（d 是 B+ 树的度，通常 d 的值比较大，比如大于 100），与原先的 $O(N)$ 相比，复杂度大幅下降。这个差距是惊人的，以一个实际例子来看，假设 $d=100$，$N=1\times10^8$，那么 $O(\log_d N) = 8$，而 $O(N)$ 是 1×10^8。

2）索引本身是在高速缓存中，相比磁盘 I/O 操作会有大幅的性能提升。需要注意的是，有时数据量非常大，索引数据也会非常大，当大到超出内存容量时，会导致部分索引数据存储在磁盘上，这会导致磁盘 I/O 的开销大幅增加，从而影响性能，所以务必要保证有足够的内存能容下所有的索引数据。

当然，事物总有其两面性，在提升查询速度的同时，由于要建立索引，所以写入操作时就需要额外添加索引的操作，这必然会影响写入的性能，所以当有大量写操作而读操作比较少且不需要考虑读操作性能的时候，就不适合建立索引。当然，目前大多数互联网应用都是读操作的量远大于写操作的量，因此建立索引很多时候是非常必要的操作。

任务实施

本任务通过分析及比较建立索引前后执行查询的过程来验证索引的效率。

在员工信息数据库的 **employee** 集合中建有如下文档：

```
{ "_id" : ObjectId("5d48f39acfff9dd65b473288"), "name" : " 小红 ", "age" : 22 }
{ "_id" : ObjectId("5d48f39acfff9dd65b473289"), "name" : " 小杰 ", "age" : 19 }
{ "_id" : ObjectId("5d48f39acfff9dd65b47328a"), "name" : " 小明 ", "age" : 18 }
{ "_id" : ObjectId("5d48f39acfff9dd65b47328b"), "name" : " 小吴 ", "age" : 25 }
{ "_id" : ObjectId("5d48f39acfff9dd65b47328c"), "name" : " 小娜 ", "age" : 28 }
{ "_id" : ObjectId("5d48f39acfff9dd65b47328d"), "name" : " 小李 ", "age" : 27 }
```

1．建立索引前的查询

此时没有建立索引，进行查询并返回结果的代码如下：

```
> db.employee.find({"age":{$lt:20}})
{ "_id" : ObjectId("5d48f39acfff9dd65b473289"), "name" : " 小杰 ", "age" : 19 }
{ "_id" : ObjectId("5d48f39acfff9dd65b47328a"), "name" : " 小明 ", "age" : 18 }
```

通过 **explain** 来分析整个查询的过程：

```
db.employee.find({"age":{$lt:20}}).explain("executionStats")
{
    "queryPlanner" : {
        "plannerVersion" : 1,
        "namespace" : "e_mangement_db.employee",
        "indexFilterSet" : false,
        "parsedQuery" : {
            "age" : {
                "$lt" : 20
            }
        },
```

```
            "winningPlan" : {
                "stage" : "COLLSCAN", # 这里的 "COLLSCAN" 意味着全表扫描
                "filter" : {
                    "age" : {
                        "$lt" : 20
                    }
                },
                "direction" : "forward"
            },
            "rejectedPlans" : [ ]
        },
        "executionStats" : {
            "executionSuccess" : true,
            "nReturned" : 2,
            "executionTimeMillis" : 0,
            "totalKeysExamined" : 0,
            "totalDocsExamined" : 6,# 总共在磁盘查询了多少个 document, 由于是全表扫描, 总共有六个
document, 因此, 这里为 6
            "executionStages" : {
            "stage" : "COLLSCAN",
            "filter" : {
                "age" : {
                    "$lt" : 20
                }
            },
            "nReturned" : 2,
            "executionTimeMillisEstimate" : 0,
            "works" : 8,
            "advanced" : 2,
            "needTime" : 5,
            "needYield" : 0,
            "saveState" : 0,
            "restoreState" : 0,
            "isEOF" : 1,
            "invalidates" : 0,
            "direction" : "forward",
            "docsExamined" : 6
            }
        },
        "serverInfo" : {
            "host" : "DESKTOP-I6FC3BC",
            "port" : 27017,
            "version" : "4.0.11",
            "gitVersion" : "417d1a712e9f040d54beca8e4943edce218e9a8c"
        },
        "ok" : 1
}
```

2. 创建索引后的查询

首先创建一个索引:

```
db.employee.createIndex({"age":1})
```

接下来执行查询并通过 explain 来分析整个查询的过程：

```
> db.employee.find({"age":{$lt:20}}).explain("executionStats")
{
    "queryPlanner" : {
        "plannerVersion" : 1,
        "namespace" : "e_mangement_db.employee",
        "indexFilterSet" : false,
        "parsedQuery" : {
            "age" : {
                "$lt" : 20
            }
        },
        "winningPlan" : {
            "stage" : "FETCH",
            "inputStage" : {
                "stage" : "IXSCAN", # 这里的 "IXSCAN" 意味着索引扫描
                "keyPattern" : {
                    "age" : 1
                },
                "indexName" : "age_1",
                "isMultiKey" : false,
                "multiKeyPaths" : {
                    "age" : [ ]
                },
                "isUnique" : false,
                "isSparse" : false,
                "isPartial" : false,
                "indexVersion" : 2,
                "direction" : "forward",
                "indexBounds" : {
                    "age" : [
                        "[-inf.0, 20.0)"
                    ]
                }
            }
        },
        "rejectedPlans" : [ ]
    },
    "executionStats" : {
        "executionSuccess" : true,
        "nReturned" : 2,
        "executionTimeMillis" : 1,
        "totalKeysExamined" : 2,
        "totalDocsExamined" : 2,
        "executionStages" : {
            "stage" : "FETCH",
            "nReturned" : 2,
            "executionTimeMillisEstimate" : 0,
            "works" : 3,
            "advanced" : 2,
            "needTime" : 0,
```

```
                    "needYield" : 0,
                    "saveState" : 0,
                    "restoreState" : 0,
                    "isEOF" : 1,
                    "invalidates" : 0,
                    "docsExamined" : 2,
                    "alreadyHasObj" : 0,
                    "inputStage" : {
                        "stage" : "IXSCAN",
                        "nReturned" : 2,
                        "executionTimeMillisEstimate" : 0,
                        "works" : 3,
                        "advanced" : 2,
                        "needTime" : 0,
                        "needYield" : 0,
                        "saveState" : 0,
                        "restoreState" : 0,
                        "isEOF" : 1,
                        "invalidates" : 0,
                        "keyPattern" : {
                            "age" : 1
                        },
                        "indexName" : "age_1",
                        "isMultiKey" : false,
                        "multiKeyPaths" : {
                            "age" : [ ]
                        },
                        "isUnique" : false,
                        "isSparse" : false,
                        "isPartial" : false,
                        "indexVersion" : 2,
                        "direction" : "forward",
                        "indexBounds" : {
                            "age" : [
                                "[-inf.0, 20.0)"
                            ]
                        },
                        "keysExamined" : 2,
                        "seeks" : 1,
                        "dupsTested" : 0,
                        "dupsDropped" : 0,
                        "seenInvalidated" : 0
                    }
                }
            }
        },
        "serverInfo" : {
            "host" : "DESKTOP-I6FC3BC",
            "port" : 27017,
            "version" : "4.0.11",
            "gitVersion" : "417d1a712e9f040d54beca8e4943edce218e9a8c"
        },
        "ok" : 1
}
```

通过对比可以看出：第一种全表扫描，总共有六个document，因此，扫描了全部6张表；第二种索引扫描，共扫描了两张表。对比可以得出结论：使用索引的查询效率更高一些。

项 目 小 结

本项目主要介绍创建索引、查看索引、删除索引的操作，并通过实例说明索引查询的效率比无索引查询高。

项 目 拓 展

在集合practice中添加员工信息表文档后，为表的sex字段指定按升序创建索引。

Project 8

项目8
使用MongoDB聚合完成员工信息统计

项目概述

通过本项目掌握如何在 MongoDB 中使用聚合完成员工信息统计,并掌握 MongoDB 常见的聚合操作、MongoDB 聚合框架的使用方法等。

学习目标:

- 掌握 MongoDB 常见的聚合操作函数。
- 掌握 MongoDB 聚合框架的使用方法。

项目8 使用MongoDB聚合完成员工信息统计

任务1 使用聚合操作函数

任务描述

本任务要求运用 MongoDB 常见的聚合操作函数来完成员工信息统计等操作。

任务分析

聚合是指同时处理多条数据,并对这些数据进行统计计算,最终返回一个统计结果。也就是说,聚合操作是将多个 document 进行相关的操作,并返回一个计算结果。掌握常见的 MongoDB 聚合操作函数的使用可为后续使用聚合框架来完成员工信息统计等操作打下基础。

知识准备

MongoDB 中自带的基本聚合函数有三种:count()、distinct() 和 group。下面分别来介绍这三个基本聚合函数。

1. count()

作用:简单统计集合中符合某种条件的文档数量。

使用方式:

db.collection.count(<query>) 或者 db.collection.find(<query>).count()

参数说明:其中,<query> 是用于查询的目标条件。如果要限定查出来的最大文档数,或者想统计后跳过指定条数的文档,则还需要借助 limit(), skip()。

举例:

db.collection.find(<query>).limit();

db.collection.find(<query>).skip();

2. distinct()

作用:用于对集合中的文档进行去重处理。

使用方式:db.collection.distinct(field,query,options)

参数说明:field 是指去重字段,可以是单个的字段名,也可以是嵌套的字段名;query 是指查询条件,可以为空;options 指其他的选项。

举例:

db.collection.distinct("user",{"age":{$gt:28}});// 用于查询 age 大于 28 岁的不同用户名

除了上面的用法外,还可以使用下面的方法:

db.runCommand({"distinct":"collectionname","key":"distinctfied","query":<query>})

collectionname:去重统计的集合名;distinctfield:去重字段;<query> 是可选的限制条件。

3. group()

作用:用于提供比 count()、distinct() 更丰富的统计需求,可以使用 js 函数控制统计逻辑。

使用方式:

db.collection.group(key,reduce,initial[,keyf][,cond][,finalize])

group() 参数见表 8-1。

表 8-1 group() 参数

参数名	参数说明
key	作为分组的 Key
reduce	是在分组操作期间对文档进行操作的聚合函数,可以返回一个 sum 或 count。该函数接收两个参数:当前文档和这个群体聚集的结果文档
initial	初始化聚合结果文档变量,为空时自动为每列提供初始变量
keyf	可选。替代的 Key 字段。用来动态地确定分组文档的字段。该参数与 Key 两者中必须有一个
cond	过滤条件
finalize	在 db.collection.group() 返回最终结果之前,此功能可以修改的结果文档或替换的结果文档作为一个整体

上面对 MongoDB 中自带的三种聚合函数进行了简单的介绍,并对需要注意的地方进行了简单的说明。如果需要深入使用,可以进入 MongoDB 官网查看相关细节信息。

任务实施

在员工信息数据库的 employee 集合中建立如下文档:

```
{ "_id" : ObjectId("5d48f39acfff9dd65b473288"), "name" : " 小红 ", "age" : 22 }
{ "_id" : ObjectId("5d48f39acfff9dd65b473289"), "name" : " 小杰 ", "age" : 19 }
{ "_id" : ObjectId("5d48f39acfff9dd65b47328a"), "name" : " 小明 ", "age" : 18 }
{ "_id" : ObjectId("5d48f39acfff9dd65b47328b"), "name" : " 小吴 ", "age" : 25 }
{ "_id" : ObjectId("5d48f39acfff9dd65b47328c"), "name" : " 小娜 ", "age" : 28 }
{ "_id" : ObjectId("5d48f39acfff9dd65b47328d"), "name" : " 小李 ", "age" : 27 }
```

1. 使用 count() 统计集合中符合某种条件的文档数量

统计年龄大于 20 岁的文档个数,代码如下:

```
> db.employee.count({"age": {$gt:20}});
4
```

2．使用 distinct() 对集合中的文档进行去重处理

统计年龄大于 20 岁的不同姓名，代码如下：

```
> db.employee.distinct("name",{"age":{$gt:20}});
[ " 小红 "," 小吴 "," 小李 "," 小娜 " ]
```

3．使用 group() 实现数据的分组操作

在 MongoDB 中会对集合依据指定的 Key 进行分组操作，并且每一个组都会产生一个处理的文档结果。

查询所有年龄大于或等于 19 岁的学生信息，并且按照年龄分组，代码如下：

```
> db.employee.group({
... key:{"age":1},
... cond:{"age": {"$gt": 19}}, initial : {"total":0},
... reduce : function Reduce(doc, prev) {prev.total++}});
[
    {
        "age" : 19,
        "total" : 1
    },
    {
        "age" : 22,
        "total" : 1
    },
    {
        "age" : 25,
        "total" : 1
    },
    {
        "age" : 27,
        "total" : 1
    },
    {
        "age" : 28,
        "total" : 1
    }
]
```

任务 2　使用聚合框架

任务描述

本任务要求运用 MongoDB 常见的聚合框架 aggregate 来完成员工信息统计等操作。

任务分析

聚合框架是指将文档传入一个多阶段任务的管道中,经过框架中每个阶段的处理,最终返回一个针对多个文档计算的结果。

知识准备

1. 聚合框架简介

一个最简单的聚合框架支持以下两个功能:

1)利用一个类似查询条件的 query 进行文档过滤;

2)通过一个文档格式转换的任务,将文档以一种期望的形式输出。

此外,聚合框架还支持一些其他的功能,如根据某些字段进行排序和分组等操作,以及使用一些算术操作符进行数学计算。聚合框架是 MongoDB 官方推荐的聚合方式。

一个简单的聚合框架如图 8-1 所示。

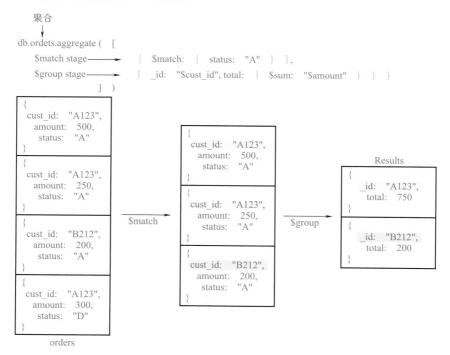

图 8-1 聚合框架

由图 8-1 可以看出,该聚合框架包含两个部分:

1)$match 部分用于数据过滤(找出其中所有 status 为 A 的记录)。

2)$group 部分用于分组(针对 cust_id 进行分组,并将同一个组的 amount 字段求和后赋予 sum 字段返回)。

使用聚合框架可以对集合中的文档进行变换和组合。可以用多个构件创建一个管道

项目8
使用MongoDB聚合完成员工信息统计

（Pipeline，类似一个流），用于对一连串的文档进行处理。这些构件见表8-2。

表 8-2 聚合框架构件

构件名	参数说明
$group	将 collection 中的 document 分组，可用于统计结果
$match	过滤数据，只输出符合结果的文档
$project	修改输入文档的结构（如重命名、增加、删除字段，创建结算结果等）
$sort	将结果进行排序后输出
$limit	限制管道输出的结果个数
$skip	跳过指定数量的结果，并且返回剩下的结果
$unwind	将数组类型的字段进行拆分

MongoDB 聚合框架中除了有一些构件操作符外，还有表达式操作符，这些操作符见表 8-3。

表 8-3 聚合框架操作符

表达式	含义
$sum	计算总和，{$sum: 1} 表示返回总和×1 的值(即总和的数量)，使用 {$sum: '$ 指定字段'} 也能直接获取指定字段的值的总和
$avg	平均值
$min	min
$max	max
$push	在结果文档中插入值到一个数组中
$first	获取第一个文档数据
$last	获取最后一个文档数据

每个操作符都会接收一连串的文档，对这些文档做一些操作，然后将转换后的文档作为结果传递给下一个操作符（最后一个操作符将结果返回给客户端）。

不同的框架操作符可以按任意组合来使用，而且可以被重复使用。

2．MongoDB 聚合框架与 SQL 比较

将 MongoDB 聚合框架与 SQL 进行对比，见表 8-4。

表 8-4 MongoDB 聚合框架与 SQL 对比

SQL	MongoDB 聚合	参数说明
WHERE	$match	查询条件
GROUP BY	$group	分组
HAVING	$match	分组结果过滤条件
SELECT	$project	查询结果指定字段显示规则
ORDER BY	$sort	排序
LIMIT	$limit	记录限制
SUM()	$sum	求和
COUNT()	$sum	计数
JOIN	$lookup	连表查询

NoSQL数据库技术及应用

任务实施

接下来用实例来比较 MongoDB 聚合框架与 SQL。

1．查询 employee 表中记录的数目

SQL: SELECT COUNT(*) AS count FROM orders employee

使用 MongoDB 聚合框架做如下统计并返回结果：

```
> db.employee.aggregate( [
... {
... $group: {
... _id: null,
... count: { $sum: 1 }
... }
... }
. ] );
{ "_id" : null, "count" : 6 }
```

2．统计 employee 表中所有记录 age 字段的和

SQL：SELECT SUM(age) AS totalage FROM employee

使用 MongoDB 聚合框架做如下统计并返回结果：

```
> db.employee.aggregate( [
...     {
...        $group: {
...           _id: null,
...           totalage: { $sum: "$age" }
...        }
...     }
... ] );
{ "_id" : null, "totalage" : 139 }
```

3．查询 employee 表中年龄大于 20 岁的所有记录 age 字段的和

SQL：SELECT SUM(age) AS totalage FROM employee WHERE age>=20

使用 MongoDB 聚合框架做如下统计并返回结果：

```
> db.employee.aggregate( [
... ...     { $match: {"age": {"$gt": 20}} },
... ...     {
... ...        $group: {
... ...           _id: null,
... ...           totalage: { $sum: "$age" }
... ...        }
... ...     }
... ... ] );
{ "_id" : null, "totalage" : 102 }
```

项目8
使用MongoDB聚合完成员工信息统计

项 目 小 结

本项目介绍常见的聚合操作函数、聚合框架的使用方法，并通过将 MongoDB 聚合框架与 SQL 进行对比，加深使用者对 MongoDB 聚合框架的理解。

项 目 拓 展

1．根据 _id 字段进行分组，并将最终结果按照 age 排序。

2．在集合 practice 中添加员工信息表文档，然后根据 sex 字段进行分组，并统计 age 字段的和。

参 考 文 献

[1] SPAGGIARI J M, O'DELL K. HBase 应用架构 [M]. 陈敏敏，夏锐，陈其生，译. 北京：中国电力出版社，2017.
[2] 时允田，林雪纲. Hadoop 大数据开发案例教程与项目实战 [M]. 北京：人民邮电出版社，2017.
[3] 李春葆，李石君，李筱驰. 数据仓库与数据挖掘实践 [M]. 北京：电子工业出版社，2014.
[4] CBODOROW K. MongoDB 权威指南 [M]. 邓强，王明辉，译. 2 版. 北京：人民邮电出版社，2014.
[5] 段鹏飞，熊盛武，袁景凌. MongoDB 设计与应用实践 [M]. 武汉：武汉大学出版社，2017.
[6] 刘瑜，刘胜松. NoSQL 数据库入门与实践：基于 MongoDB、Redis[M]. 北京：中国水利水电出版社，2018.
[7] WHITE T. Hadoop 权威指南：中文版 [M]. 曾大聃，周傲英，译. 北京：清华大学出版社，2010.
[8] 陆嘉恒. Hadoop 实战 [M]. 2 版. 北京：机械工业出版社，2021.